トーク

見やすい画面で
テンポよく会話できる!

LINEでは、相手からのメッセージが画面の左側に、自分の発言したメッセージが画面の右側に表示されます。チャット形式で途切れることなく会話を続けることができます。

自分のメッセージ

相手のメッセージ

自由にグループ名を入力してグループを作成できる

グループトークが楽しい!

2人の会話だけでなく、3人以上のグループでトークを楽しむこともできます。友だちや仕事、趣味の仲間でグループトークを楽しみましょう。

無料通話

音声通話もビデオ通話も
無料でOK!

nemuro nameko

緑をタップで通話に出られる

LINEでは、通常の電話での音声通話とほぼ変わらない「無料通話」機能を利用できます。LINEで友だちになっている人との通話ならどれだけ話しても料金が発生しないのでとってもお得です。また、ビデオ通話も無料で可能です。

LINE Pay

LINEが
お財布代わりに!

自分で表示したコードを読み取ってもらうことで支払いができる

LINE Payの設定を済ませれば、コンビニやドラッグストア、飲食店などでキャッシュレスの支払いができます。また友人間でのお金のやり取りもできてしまいます。設定は少し大変ですが、とても便利なのでぜひ設定しておきましょう。

初めてでもできる 超初心者の LINE入門

最新版 2020年

standards

PART
4 通話&
タイムライン

Q & A

PART
5 ニュース&
ウォレット

Q & A

2021年最新版 すぐに活用できる超初心者のLINE入門

CONTENTS

とっても便利な LINEを 使いこなせる ようになろう!

「LINE」は日本で最も多く使われているコミュニケーションツールです。メールより使いやすく、誰とでも手軽に会話ができる「トーク」、電話料金も発生せず無料で通話を楽しめる「無料通話」、また、「LINE Pay」の設定をすませれば多くのお店でキャッシュレスでの支払いや、友だちへの送金も可能になってしまいます。ドコモなどの3大キャリアの回線はもちろん、最近人気の格安SIMでもまったく問題なく利用することができます。本書では、これからLINEを使ってみたい人、またLINEを使い始めたばかりの人を対象にLINEの必須機能、便利な機能、使いやすい設定をわかりやすく解説していきます。本書を読んで、便利なLINEを早く使いこなせるようになりましょう!

重 要 ! 項 目 イ ン デ ッ ク ス

インストールと
アカウント取得

LINEを端末に インストールする

LINEを利用するにはまず手持ちのスマホやタブレットにLINEをインストールする必要があります。iPhoneやiPadなどiOS端末はApp Store、Androidスマホ/タブレットはPlayストアにアクセスして、インストールします。LINEのインストールが完了するとLINEが起動できるようになります。

1 iOS端末は「App Store」、 Android端末は「Playストア」を起動する

iPhone／iPadはホーム画面の「App Store」のアプリアイコンをタップしてApp Storeを起動します。Androidスマホ／タブレットは「Playストア」のアプリアイコンをタップしてPlayストアを起動します。

2 iOS端末は「App Store」、 Android端末は「Playストア」でLINEを検索

iPhone／iPadはApp Storeの「検索」をタップして検索ボックスに「LINE」と入力して検索します。Androidスマホ／タブレットはPlayストアの画面上部の検索ボックスに「LINE」と入力して検索します。

3 iOS端末は「入手」、 Android端末は「インストール」をタップする

iPhone／iPadは「入手」をタップしてインストールします。Androidスマホ／タブレットは「インストール」をタップしてインストールします。

4 インストール完了後に「開く」を タップしてLINEを起動する

LINEのインストールが完了したら、iPhone／iPadはApp StoreのLINEページの「開く」をタップするとLINEが起動します。Androidスマホ／タブレットはPlayストアのLINEページの「開く」をタップするとLINEが起動します。

スマートフォンで LINEアカウントを取得する

　LINEアカウントを電話番号認証で取得する場合は、キャリア契約したスマホの電話番号が必要となります。格安SIMや格安スマホの場合は、SMS対応のものを事前に用意しておきましょう。認証番号を受け取る際に必要です。なお、LINEアカウントは1つの電話番号で1つのアカウントしか取得できません。

1 「はじめる」をタップする

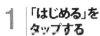

タップ

LINEを起動すると初回起動時のみアカウント登録画面が表示されるので、「はじめる」をタップします。

2 スマートフォンの電話番号を登録

❶電話番号を入力

日本 (Japan) ▼

08012345678

❷タップ

Facebookログイン

電話番号を入力して、『→』→「送信」を順番にタップします。

3 認証番号を入力する

❶「メッセージ」アプリを起動

❷認証番号を確認する

認証番号 127724 をLINEで入力して下さい。他人には教えないで下さい。30分間有効です。

認証番号を入力

080　にSMSで認証番号を送信しました。

0 7 2 7 0 -

❸認証番号を入力

LINEからSMSで送られてきた認証番号を確認、LINEの認証番号の入力画面に入力します。

4 名前と画像を登録する

アカウントを新規登録

❶名前と画像を登録

standards

❷タップ

LINEのプロフィールに表示される名前と画像を登録して、「→」をタップします。

5 パスワードを登録する

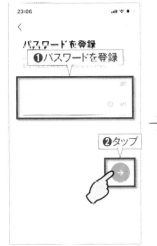

パスワードを登録

❶パスワードを登録

❷タップ

LINEのパスワードを6文字以上の英数字の組み合わせで登録して、「→」をタップします。

6 友だち登録のチェックを外す

友だち追加設定

❶チェックを外す

友だち自動追加
友だちへの追加を許可

❷タップ

「友だちの自動追加」と「友だちへの追加を許可」の2つのチェックを外して、「→」をタップします。

7 年齢認証をスキップする

年齢確認

SoftBankをご契約の方

LINEを タップ 約の方

あとで

年齢認証はアカウント取得後に行うので、ここでは行いません。「あとで」をタップします。

8 LINEアカウントの作成が完了する

standards　　Keep

グループ

グループ作成

オープンチャット

友だちを追加しよう！

友だち追加

これでLINEアカウントの作成は完了です。友達の追加など、ここで設定した項目はあとからでも変更可能です。

インストールとアカウント取得

9

タブレットで アカウントを取得する

　Facebookアカウントを持っているユーザーはFacebookアカウントを利用してLINEアカウントを取得できます。Facebookアカウントでアカウントを取得すると電話番号を登録する必要はありません。タブレットなどでLINEを利用したいユーザーはFacebookアカウントでアカウントを取得しましょう。

1 登録画面の「はじめる」をタップして 「Facebookでログイン」をタップする

ホーム画面の「LINE」のアプリアイコンをタップしてLINEを起動します。アカウント登録画面の「はじめる」をタップします。次に利用登録（電話番号入力）画面で電話番号を入力せずに、「Facebookでログイン」をタップします。

2 「Facebookログイン」 をタップする

「Facebookログイン」をタップしてFacebookのログイン画面へ進みます。

3 Facebookアカウントで ログインする

Facebookアカウントで利用しているメールアドレスとパスワードを入力します。「次へ」をタップしてFacebookにログインします。

4 LINEアカウントの ユーザー名を入力

Facebookのアカウント名がLINEのユーザー名になります。ユーザー名を変更する場合は入力欄に新たなユーザー名を入力します。

5 利用規約各種に 同意する

LINE利用に関する各種利用規約が表示されるので、『同意する』→「OK」を順番にタップします。これでFacebookアカウントでのアカウント作成は完了します。

6 LINEアカウントの 作成が完了する

利用規約に同意するとLINEアカウントの作成は完了します。

Facebookアカウントを取得する

電話番号でLINEアカウントを取得しない場合はFacebookアカウントが必要になります。スマートフォンやタブレットにFacebookがインストールされていない場合はアプリストア（iOS端末はApp Store、Android端末はPlayストア）からインストールしてFacebookアカウントを取得しておきましょう。

1 「Facebookに登録」をタップする

Facebookアプリのインストールが完了したら、Facebookアプリを起動して、「Facebookに登録」をタップします。

2 「次へ」か「登録」をタップする

iOS端末は「登録」、Android端末は「次へ」をタップするとFacebookアカウントの取得作業の開始です。

3 電話番号かアドレスを登録

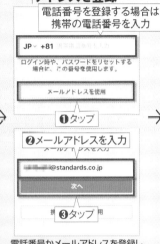

電話番号かメールアドレスを登録します。今回は「メールアドレスを使用」をタップしてメールアドレスを入力します。

4 Facebookに氏名を登録する

入力欄に氏名を入力して「次へ」をタップします。名前の表記は漢字・ひらがな・かたかな・ローマ字、どれでも構いません。

1 パスワードを設定する

ログインパスワードを設定して「次へ」をタップします。数字・アルファベット・記号の組み合わせで6字以上で設定します。

2 生年月日と性別を登録する

生年月日を登録して「次へ」をタップします。次に性別を選んでタップします。

3 認証メールを開いてアカウントを認証する

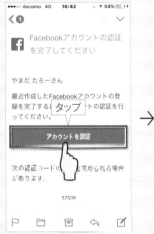

認証メールが送付されるので、認証メールを開いて「アカウントを認証する」をタップします。

4 メールアドレスを認証する

認証番号を画面に入力してメールアドレスが認証されたらFacebookアカウントの取得作業は完了です。

Facebook認証の年齢認証とメールアドレスの登録

LINEの年齢認証には携帯電話の番号が必要になるため、Facebookアカウント単体では年齢認証を行うことはできません。年齢認証を行う場合はアカウントを作成後にアカウント設定より電話番号を登録して行います。また、FacebookアカウントでLINEアカウントを取得する場合はメールアドレスの登録が必須になります。

インストールとアカウント取得

11

画面操作の基本を覚える

　LINEのインターフェースは「ホーム」「トーク」「タイムライン」「ニュース」「ウォレット」の5つのメニューで構成されています。画面をスワイプやタップしてメニュー画面の切り替えや前画面に戻るなどの操作を行います。これらの操作はLINE操作の基本中の基本なので、しっかり覚えましょう。

Android版LINEのインターフェースと基本操作

❶サブメニュー
切り替えたメニュータブ固有のサブメニューが表示されます。

❷検索
「ホーム」と「トーク」と「ニュース」に画面を切り替えた時は検索欄が表示されます。

❸メイン画面
切り替えたメニュー画面が表示されます（＊画像は「ホーム」画面を表示）。

❹メインメニュー
「ホーム」「トーク」「タイムライン」「ニュース」「ウォレット」の5つのメニューは画面を切り替えても固定で表示されます。各メニューに更新情報があるとバッジが付きます。

❺前画面に戻る
端末本体の「戻る」キーをタップすると前の画面に戻ります。

LINEのインターフェースは「ホーム」「トーク」「タイムライン」「ニュース」「ウォレット」の5つのメニューで構成されています。LINEはこの5つのメニューを切り替えて操作します。その他、一部のキーの位置などがiOSとAndroidで微妙に異なりますが、基本的な機能や操作方法はほとんど変わりません。

1 LINEアイコンをタップして起動

タップ

ホーム画面のLINEアイコンか、アプリ管理画面のLINEアイコンをタップするとLINEが起動します。

2 LINE画面を上へスワイプして終了

❷下から上へスワイプ

❶タップ

端末の画面下部の一番右の履歴キーをタップします。起動中のアプリ一覧の中からLINEを見つけて、下から上へスワイプするとLINEは終了します。

3 メインメニュータブを切り替える

選んでタップ

画面下部に表示されている5つのメニュータブから表示したいタブをタップしてメニュータブを切り替えます。

4 「戻る」キーをタップすると前画面に戻る

タップ

固定表示されている「戻る」キーをタップすると前画面に戻ります。

iOS版LINEのインターフェースと基本操作

❶サブメニュー
　切り替えたメニュータブ固有のサブメニューが左右に表示されます。

❷検索
　「ホーム」と「トーク」と「ニュース」に画面を切り替えた時は検索欄が表示されます。

❸メイン画面
　切り替えたメニュー画面が表示されます（＊画像は「ホーム」画面を表示）。

❹メインメニュー
　「ホーム」「トーク」「タイムライン」「ニュース」「ウォレット」の5つのメニューは画面を切り替えても固定で表示されますが、各メニューに更新情報があるとバッジが付きます。

LINEのインターフェースは「ホーム」「トーク」「タイムライン」「ニュース」「ウォレット」の5つのメニューで構成されています。LINEはこの5つのメニューを切り替えて操作します。その他、細かな一部の名称などがiPhoneとAndroidで微妙に異なりますが、基本的な機能や操作方法はほとんど変わりません。

---

1 LINEアイコンをタップして起動

ホーム画面に表示されているLINEアイコンをタップするとLINEが起動します。

2 アプリ選択画面を開いて起動を確認

iPhone X以前のモデルはiPhone本体のホームボタンを素早く2回押してアプリ選択画面を開きます。iPhone X以降のモデルは画面一番下の細長いバーを下から上にスワイプする途中で止めると起動中のアプリの一覧が表示されます。

3 上にスワイプしてLINEを終了する

起動中のアプリ一覧の中からLINEを見つけて、LINEの画面を下から上へスワイプするとLINEは終了します。

4 メニューをタップして画面を切り替え

画面下部に表示されている5つのメニュータブから表示したいタブをタップして、メイン画面を切り替えます。

5 表示したい項目をタップして表示する

メイン画面が表示されたら、表示したい項目をタップします。

6 「く」や「×」をタップで前画面に戻る

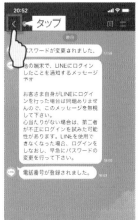

画面の左上や右上に表示される「く」や「×」をタップすると前画面に戻ります。

7 画面を左から右へスワイプして戻る

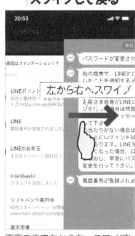

画面を指で左から右へスワイプしても前画面に戻ることができます。

LINEをアップデートする時は
どのようにすればいい?

スマートフォンやタブレットにインストールされているアプリはアップデート(アプリの更新)を行うことで新機能が追加されたり、アプリの仕様が変更されたりします。LINEのアップデートは、iPhone／iPadはApp Store、Andoirdスマートフォン／タブレットはPlayストアで行います。本誌を参考にアップデート方法を覚えておきましょう。

iPhone／iPadのLINEをアップデートする

1 App Storeをタップする

ホーム画面の「App Store」をタップして、App Storeを起動します。

2 アイコンをタップする

「アカウント」アイコンをタップしましょう。

3 LINEのアップデートを開始する

アップデートできるアプリが一覧表示されるので、LINEの「アップデート」をタップするとアップデート開始です。

Androidスマホ／タブレットのLINEをアップデートする

1 Playストアをタップする

ホーム画面の「Playストア」をタップして、Playストアを起動します。

2 Playストアの「≡」をタップ

Playストアの「≡」タップして、Playストアのメニューの「マイアプリ&ゲーム」をタップします。

3 LINEの「更新」をタップする

アップデートできるアプリが一覧表示されるので、LINEの「更新」をタップするとアップデート開始です。

アカウント設定&
友だち登録

ホーム画面に表示される プロフィールを設定する

　LINEのホーム画面では、表示される名前や自分のアイコン画像、友だちリストや「知り合いかも?」に表示される一言メッセージである「ステータスメッセージ」、カバー画像、自分の誕生日など様々なプロフィール情報が表示されます。このプロフィールはホーム画面のプロフィール設定で各項目を設定することができます。

プロフィールの設定画面を開く

1 メインメニュー 「ホーム」をタップ

メインメニュー「ホーム」→「プロフィール」を順番にタップすると自分の「ホーム」が表示されます。

2 「プロフィール」を タップする

自分のホーム画面が表示されたら、「プロフィール」をタップするとプロフィールの設定画面が開きます。

LINEのプロフィールの画面構成

❶BGM
登録したBGMが流れます。

❷閉じる(×)
プロフィール画面を閉じます。

❸プロフィール画像
プロフィール画像が表示されます。

❹名前
登録した名前が表示されます。

❺ID
LINE IDが表示されます。

❻誕生日
登録した誕生日が表示されます。

❼ステータスメッセージ
ステータスメッセージが表示されます。

❽カメラ
カメラが起動します。

プロフィール設定の画面構成

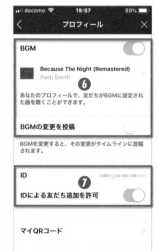

❶プロフィール画像
端末に保存した画像や撮影した画像をプロフィール画像として登録できます。

❷名前
LINEのプロフィール上の名前を変更できます。

❸ステータスメッセージ
友だちリストや「知り合いかも?」に表示される一言メッセージを設定できます。

❹電話番号
LINEアカウント取得の際に登録した電話番号が表示されます。

❺画像の変更を投稿
プロフィール画像の変更をタイムラインに投稿するかしないかを設定できます。

❻BGM
LINE MUSICと連携してLINEのプロフィールで流れるBGMを設定できます。

❼ID
LINE IDを設定とID検索をするかしないか設定できます。

❽マイQRコード
自分のQRコードを表示することができます。

❾誕生日
自分の誕生日を設定できます。

❿LINE Profile+
LINE Profile+と連携することでより詳しい自分のプロフィールを設定することができます。

ホーム画面に表示されるプロフィールの主要項目を設定する

1 プロフィールに表示される アイコン画像を設定する

①タップ

②選んでタップ

❸画像のトリミングや加工を行う

❹タップ

プロフィールの丸い部分をタップします。画像を撮影する場合は「カメラで撮影」をタップしてアイコン画像を撮影します。端末の保存画像を選ぶ場合は「写真または動画を選択」をタップして、選んだ画像のトリミングや加工を行って「完了」をタップするとアイコン画像の設定は完了です。

2 現在設定されている ユーザー名を変更する

①タップ

❷ユーザー名を入力

t-ishi

❸タップ

「名前」の項目には現在設定されているユーザー名が表示されています。変更する場合は「名前」をタップします。入力欄にユーザー名を20文字以内で入力して「保存」をタップするとユーザー名の変更は完了です。

3 プロフィールに表示される メッセージを設定する

①タップ

❶メッセージを入力して「保存」をタップ

祇園精舎の鐘の音

「ステータスメッセージ」をタップすると「知り合いかも？」に表示される一言メッセージを設定できます。入力欄に500字以内でステータスメッセージを入力して「保存」をタップするとメッセージの設定は完了です。

4 プロフィールに表示される LINE IDを設定する

文字列を入力して「保存」をタップ

standards

使用可能か確認

「ID」をタップすると半角英数字20文字以内でLINE IDを設定することができます。LINE IDは一度設定してしまうと変更できないので、設定する場合は慎重に決めましょう。

5 プロフィールに表示される 誕生日を設定する

①タップ

1981年7月6日

誕生日を公開

年齢を公開

完了

❷タップ

「誕生日」をタップするとプロフィールに誕生日と誕生日・年齢の公開・非公開を設定できます。誕生日を登録すると誕生日にお祝いメッセージが届いたりします。

6 タイムラインへの 投稿設定を変更する

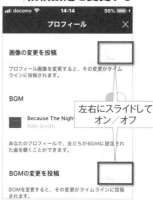

画像の変更を投稿

プロフィール画像を変更すると、その変更がタイムラインに投稿されます。

BGM

Because The Night
Patti Smith

左右にスライドしてオン／オフ

あなたのプロフィールで、友だちがBGMに設定された曲を聴くことができます。

BGMの変更を投稿

BGMを変更すると、その変更がタイムラインに投稿されます。

初期状態ではプロフィール画像やBGMを変更すると変更した内容がタイムラインへ投稿されるよう設定されています。投稿をしたくない場合は設定をオフにします。

7 LINEとLINE MUSICを連携して プロフィールで流れるBGMを設定する

co.jp

登録する

メールアドレスとパスワードを入力して「登録する」をタップ

→

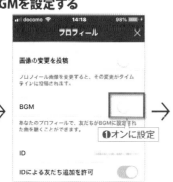

画像の変更を投稿

プロフィール画像を変更すると、その変更がタイムラインに投稿されます。

BGM

あなたのプロフィールで、友だちがBGMに設定された曲を聴くことができます。

❶オンに設定

ID

IDによる友だち追加を許可

→

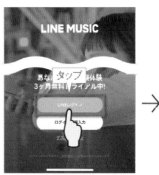

LINE MUSIC

あなた 3ヶ月無料トライアル中!

タップ

→

PANTHEON -PART1-

♥ 49   ¢ 2,400

2017.4.12 10曲

01 PANTHEON

タップ

BGMの設定にはLINE IDとメールアドレスの登録が必要になります。LINE IDは手順4を参考に、パスワードはメインメニュー|その他|・|設定|→「アカウント」→「メールアドレス」を順番にタップして登録します。

プロフィール設定のBGMをオンに設定します。LINE MUSICをインストールしていない場合はメッセージが表示されるので、iPhoneはApp Store、AndroidはGoogle PlayにアクセスしてLINE MUSICをインストールします。

BGMをオンに設定するとLINE MUSICが起動するので、「ログイン」をタップしてLINEアカウントでログインします。初回起動時のみLINE MUSICの利用規約やアプリ権限などに同意項目があるので「同意する」をタップします。

LINE MUSICからBGMにする曲を選んで、曲名の横の「…」をタップします。「LINE BGM〜」をタップして、「BGMに設定」をタップするとBGMの設定は完了です。プロフィールやホーム画面で設定したBGMが流れるようになります。

※LINE MUSICは有料/無料のプランがありますが、プロフィールBGMは無料プランでも可能です。

LINEアカウントの設定を確認する

　LINEアカウントの管理画面では登録した電話番号の変更やFacebookアカウントとの連携、LINE IDやメールアドレスの登録、連動アプリやログイン中の端末の確認といったLINEアカウントに関する各種設定の変更や確認ができます。また、LINEを辞める際のLINEアカウントの削除なども行えます。

LINEのアカウント管理画面を開く

1 メインメニュー「ホーム」をタップ

メインメニュー「ホーム」をタップして、「ホーム」画面を開きます。

2 「設定」をタップし設定画面を開く

「ホーム」画面の左上にある「設定（歯車アイコン）」をタップして設定画面を開きます。

3 「アカウント」をタップする

設定画面が開いたら設定項目の一覧から「アカウント」を選んでタップします。

4 設定・変更する項目をタップする

アカウント管理画面の項目で設定もしくは変更する項目があった場合はその項目をタップします。

LINEのアカウント管理の画面構成

❶電話番号
LINEに登録している電話番号が表示されます。タップすると電話番号を変更できます。

❷メールアドレス
バックアップ用のメールアドレスの登録が行えます。

❸パスワード
LINE自体にパスワードを設定できます。

❹Facebook
FacebookとLINEを連携することができます。

❺連動アプリ
LINEと連携しているアプリの一覧を表示します。

❻トークリスト表示コンテンツ
トークリストに表示されるコンテンツ（おすすめ記事／星占い／天気予報）の設定を行えます。

❼ログイン許可
iPad版やパソコン版LINEからのログインを許可します。

❽ログイン中の端末
同一のLINEアカウントでログインしている端末の一覧を表示します。

❾アカウント削除
LINEアカウントを削除してLINEを初期状態にします。

メールアドレスを登録する

LINEにメールアドレスを登録しておくとスマートフォンを機種変更した場合のLINEアカウントの引き継ぎが可能になります。また、LINEが提供するサービスの中には、メールアドレスの登録が必須のサービスもあります。

1 「メールアドレス登録」をタップ

メインメニュー「ホーム」→「設定」→「アカウント」を順番にタップします。「アカウント」メニューの「メールアドレス登録」をタップします。

2 メールアドレスとパスワードを入力

入力ボックスにメールアドレスを入力して「OK」をタップします。認証番号がメール送信されるので、メール記載の認証番号を入力して「メール認証」をタップするとメールアドレスの登録が完了します。

FacebookとLINEを連携させる

LINEアカウントとFacebookアカウントは連携することができます。FacebookとLINEを連携するとFacebookに登録している友だちをLINEに登録することができるほか、機種変更の時にアカウントの引き継ぎにも利用することができます。

1 「連携する」をタップ

メインメニュー「ホーム」→「設定」→「アカウント」を順番にタップします。「アカウント」メニューのFacebookの「連携する」をタップします。

2 Facebookアカウントでログインする

Facebookアカウントのメールアドレスとパスワードを入力してFacebookにログインするとLINEとの連携は完了です。

POINT LINE IDを設定する

LINE IDは半角英数20字以内で設定するLINE専用の個人IDです。LINE IDを設定してID検索をオンに設定しておくと、より手軽に友だち登録ができます。ただし、1度設定したLINE IDは2度と変更できないので注意が必要です。

1 「ID」をタップする

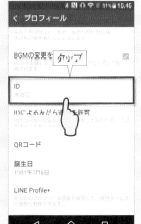

メインメニュー「ホーム」→「プロフィール」→プロフィール画面の「プロフィール」→「ID」を順番にタップします。

2 20字以内でID名を入力

入力ボックスに半角英数20字以内でID名を入力します。入力したID名が使用可能な場合は「保存」をタップしてIDを決定します。1度設定したLINE IDは2度と変更できません。LINE IDを設定した場合は絶対にインターネット上で公開しないようにしましょう。

POINT Facebookの二重登録に注意!

すでにLINEで使用中のFacebookアカウントで新たにLINEアカウントを作成しようとすると二重登録防止のメッセージが表示されます。「削除して認証」をタップすると先に使用しているアカウントは削除されるので注意しましょう。

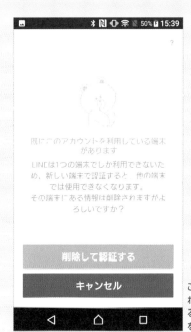

このメッセージが表示されたらLINEに登録しているFacebookアカウントを確認してみましょう。

19

LINEの年齢認証を行う

　LINEは18歳未満のユーザーを対象にLINE IDの検索機能など一部の機能を制限しています。LINEの年齢認証システムはLINEとdocomo/au/ソフトバンクの各キャリアと連動のシステムのため、年齢認証をするためにはLINE本体の操作だけでなく各キャリアサポートにアクセスする必要があります。

国内主要3キャリアの年齢認証画面

docomoの年齢認証画面

docomoは、専用のアカウント「docomo ID」が必要になります。docomo IDはドコモのキャリアサポート「My docomo」で取得します。アカウントを取得したら、そのままMy docomoで年齢認証を行います。

auの年齢認証画面

auは端末契約時に決めた4桁の暗証番号とau IDが必要になります。au IDはauのウェブサイト「au ID」から取得します。アカウントを取得したら、そのまま「au ID」で年齢認証を行います。

ソフトバンクの年齢認証画面

ソフトバンクは端末契約時に決めたパスワードが必要になります。ソフトバンク会員専用ページ「My softbank」に移動して年齢認証を行います。

ᴾOINT
年齢認証が認証されない場合

　正しい手順で年齢認証を行ったのに認証されない場合は端末の利用者情報が登録されていない可能性があります。各キャリアのインフォメーションセンターに連絡するか最寄りの各キャリアのショップへ出向いて利用者情報を登録しましょう。

各キャリアのインフォメーションセンターに連絡するか最寄りのキャリアショップで確認しましょう。

ᴾOINT
格安SIMの年齢認証

　LINEの年齢確認はキャリアの回線契約情報から年齢データを取得しているため、基本的に格安SIMで端末を利用している場合は年齢認証を行うことはできません。例外的に、「ワイモバイル」「LINEモバイル」は年齢認証が可能です。また、同じくFacebook認証でアカウント取得した場合も年齢認証を行うことはできません。

格安SIMでアカウント取得した場合は年齢認証を行うことはできません。

LINEのプライバシー設定を確認する

　自分だけでなく他人の個人情報も集約されているLINEアカウントのプライバシー管理はLINEを利用する上で非常に重要な操作です。盗み見防止のパスコードロックやID検索許可などLINEアカウントのプライバシー管理に関する設定は「設定」を開いて「プライバシー管理」で行います。

LINEにパスコードロックをかける

1 「プライバシー管理」をタップ

メインメニューの「ホーム」→「設定」→「プライバシー管理」を順番にタップします。

2 パスコードロックを「オン」にする

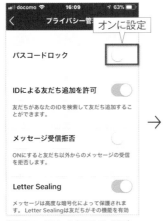

「パスコードロック」のスライドバーを右へスライドしてパスコードロックを「オン」にします。

3 パスコードを設定する

パスコードの入力画面で数字4桁のパスコードを入力します。再度パスコードを入力するとパスコードの設定は完了です。

4 パスコードを変更する

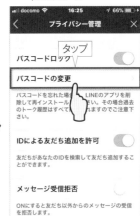

「プライバシー管理」画面の「パスコードの変更」をタップします。パスコードの入力画面で新しいパスコードを入力します。

ID検索をオフに設定する

　LINE IDとは、LINEユーザーを識別するために使われる固有の符号で、1つのアカウントに対して1つのLINE IDを登録することが可能です。LINE IDの検索機能はオンに設定した状態だと、見知らぬユーザーからメッセージが届いてしまう可能性があるので、使わない場合はオフに設定しておきましょう。

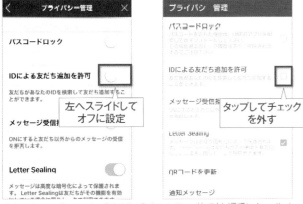

メインメニュー「ホーム」→「設定」→「プライバシー管理」を順番にタップします。iPhoneは「IDによる友だち追加を許可」のスライドバーを左へスライド、Androidは「IDで友だち追加を許可」の項目のチェックを外してオフに設定します。

友だち以外のメッセージを受信拒否する

　LINEはそのアプリの性質上、友だち以外のユーザーからメッセージが届く可能性があります。見に覚えのないメッセージに応答するのは不要なトラブルを招く可能性があるので、そういった事態を防止するために友だち登録している以外のユーザーからのメッセージを受信拒否し、友だち登録しているユーザーとのみやり取りをしましょう。

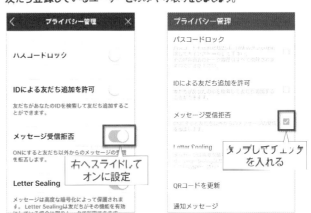

iPhoneは「メッセージ受信拒否」のスライドバーを右へスライド、Androidは「メッセージ受信拒否」の項目にチェックを入れると友だち以外からのメッセージを受信拒否するよう設定します。

アカウント設定&友だち登録

友だち登録の基本を覚えよう

　LINEには「友だち自動追加」や「友だちへの追加を許可」といった機能を利用することで端末に登録してある連絡先のデータからLINEユーザーを選別して自動的に友だち登録することができますが、そのほかに「ふるふる」、「QRコード」、「ID検索」といった方法で手動で登録する方法があります。

「友だち自動追加」と「友だちへの追加を許可」

　LINEにはスマートフォンの連絡先をすべてLINEにアップロードして、LINEがアップロードした連絡先でLINEを利用しているユーザーを自動的に検出して、友だち登録する「友だち自動追加」という機能と、自分が自動的に友だちに追加される「友だちへの追加を許可」という機能が搭載されています。両機能とも友だちを手動で一人ずつ登録する手間が省けて便利である反面、LINEユーザーであることを知られたくない相手にも知らせてしまう可能性もあります。これら機能を利用する時はメリットとデメリットを考えて利用しましょう。

→ P24

連絡先から友だちを自動検出する「友だち自動追加」

スマホの連絡先に登録された友だちが追加される

スマートフォンの連絡先に登録してある連絡データの中からLINEを利用しているユーザーを自動的に検出してLINEに友だち登録する機能です。機能を「オン」にしておけば、スマートフォンのアドレス帳に基づき自動的に友だちが追加されます。

自分がLINEユーザーだと友だちに知らせる「友だちへの追加を許可」

自分の電話番号を保持しているLINEユーザーに自動的に友だち登録される

スマートフォンに登録してある連絡先の中でLINEを利用しているユーザーに自分がLINEを使い始めたことを知らせる機能です。機能を「オン」にしておけば、スマートフォンのアドレス帳に基づき、友だちに自動的に友だち追加されます。

友だち自動登録のメリット／デメリット

メリット ○	デメリット ×
手動で友だちを登録する手間が省ける	まったく知らないユーザーに登録される可能性もある
知り合いが勝手に友だち登録してくれる	LINEを始めたことを知られたくないユーザーに知られる

PART 2

友だちを手動で登録する4つのパターン

友だち登録を手動で行う方法は、端末の位置情報サービスを利用して、端末を互いに振って友だち登録を行う「ふるふる」、自分もしくは相手のQRコードを読み取って友だち登録を行う「QR コード」、LINE IDか電話番号を検索して登録する「ID／電話番号検索」、友だちをLINEに招待して友だち登録してもらう「招待」の4つあります。手動で登録する場合はこの4つのいずれかの方法を選んで友だちを登録します。

→ P26

手動で友だち登録パターン1
招待

こんな場合に使う！
離れた場所にいる友人に友だち登録してもらう時

自分のLINEアカウントの情報をURLにして、友だちにメールやSMSで送って、LINEに友だち登録してもらいます。離れた場所にいる友人や複数の友人にLINEの友だち登録をしてもらう際に役立ちます。

→ P27

手動で友だち登録パターン2
ふるふる

こんな場合に使う！
目の前にいる知り合いを友だち登録する時

端末の位置情報サービスを利用して、端末を互いに振って友だち登録を行います。検出されたLINEユーザーをLINEの友だちリストに「追加」します。端末の位置情報サービスを利用するため、あらかじめ端末の位置情報サービスを「オン」に設定しておく必要があります。

→ P28

手動で友だち登録パターン3
QRコード

こんな場合に使う！
目の前にいる知り合いを友だち登録する時

「ふるふる」で友だち登録できない時

LINEに搭載されたQRコードリーダーを利用して、自分のQRコードを読ってもらうか、相手のQRコードを読み取って友だち登録を行います。QRコードリーダーの起動は「友だち追加」の「QRコード」をタップします。

→ P29

手動で友だち登録パターン4
ID／電話番号検索

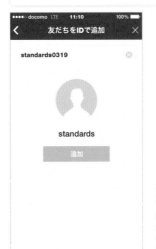

こんな場合に使う！
離れた場所にいる知り合いを友だち登録する時

「ID／電話番号検索の許可」をオンにして年齢認証を済ませると、「ID／電話番号検索」から相手のIDや電話番号を検索して友だち登録ができます。ただし、「ID／電話番号検索」は目の前にいる友人のIDを登録する場合のみ活用するようにしましょう。

友だち手動登録のメリット／デメリット

メリット

LINEに登録する友だちを選んで登録できる

目の前にいるユーザーを手軽に登録できる

デメリット

環境によっては使えない機能もある

大量の人数の友だち登録には不向き

自動登録で友だちを LINEに登録する

　「友だち自動追加」や「友だちへの追加を許可」は端末の連絡先データすべてをLINEへアップロードして友だちを割り出す機能です。端末の連絡先データすべてをLINEへアップロードするということは、LINEユーザーであることを知られたくない相手にも知らせてしまう可能性があるということを理解しておく必要があります。

1 「歯車」アイコンをタップする

メニュータブの「ホーム」→「歯車」アイコンを順番にタップしてLINEの各種設定画面を表示します。

2 「友だち」をタップする

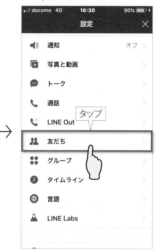

LINEの各種設定画面が表示されたら、「友だち」という項目をタップします。

3 「友だち自動追加」と「友だちへの追加を許可」を設定

iPhoneは「友だち自動追加」と「友だちへの追加を許可」のスライドバーを右へスライドしてオンに設定します。Androidは「友だち自動追加」と「友だちへの追加を許可」のチェックボックスにチェックを入れます。これで設定完了です。

POINT 「知り合いかも？」の友だち登録は要注意！

　友だち追加の一覧に表示される「知り合いかも？」は、自分は友だち登録していない相手が自分を友だち登録している場合に表示されます。まったく知り合いではない人も表示されることがあるので、「知り合いかも？」から安易に友だち登録してしまうと見知らぬ第三者と友だちになってしまう危険性もあります。「知り合いかも？」から友だち登録する場合は相手を確認してから登録するようにしましょう。

「知り合いかも？」の一覧にはユーザー名の下に表示される理由が表記されています。まったく知り合いではない人も表示されることがあるので、「知り合いかも？」からの友だち登録は慎重に行いましょう。

タップすると友だちに追加できる

「知り合いかも？」に表示される理由

「電話番号で友だちに追加されました」
相手が自分の電話番号を端末の連絡先登録していて、「友だちを追加」をオンにしている場合はこのような表示になります。

「LINE IDで友だちに追加されました」
相手が「友だち追加」の「ID検索」からIDを検索して、友だち登録している場合はこのような表示になります。

「QRコードで友だちに追加されました」
相手が「友だち追加」の「QRコード」を利用して友だちを追加した場合はこのような表示になります。

「理由が表示されない（空白）ケース」
グループトークなどで同じグループに参加しているユーザーが参加者のメンバーリストなどから自分を友だちに追加した場合やトーク内で自分の連絡先が共有した場合にこのような表示になります。

手動登録で友だちを LINEに登録する

　LINEにはスマートフォンに登録している連絡先からLINEユーザーを自動的に検出して友だち登録する友だち自動追加のほかにも、手動で友だちを登録する機能もいくつか搭載されています。この機能を利用すると、眼の前にいる友だちや知り合いがLINEユーザーだった場合、すぐに登録できます。

「友だち追加」画面を表示する

1 「ホーム」画面の 「＋」をタップ

画面下部のメインメニューの「ホーム」→「＋」を順番にタップして「友だち追加」画面を表示します。

2 登録方法を 選んでタップ

「友だち追加」画面の上部に表示されている友だちの追加方法を選んでタップします。

3 iPhoneは 「×」をタップ

iPhoneで「友だち追加」画面を閉じる時は「×」をタップします。

4 Androidは 「◀」をタップ

Androidで「友だち追加」画面を閉じる時は「◀」をタップします。

「友だち追加画面」の機能と役割

❶友だち設定
LINEの各種設定の友だち設定が表示されます。友だち自動追加などを設定できます。

❷閉じる／戻る
「友だち追加画面」を閉じて「友だち」画面に戻ります。Androidは端末の「戻る」キーをタップします。

❸友だち手動追加メニュー
友だち手動追加のメニューが表示されています。タップするとそれぞれの機能が起動します。

❹友だち自動追加
友だち自動追加の設定内容が表示されます。タップするとLINEの各種設定の友だち設定が表示されます。

❺グループ作成
LINEに登録した友だちでグループを作ることができます。

❻おすすめ公式アカウント
LINEに開設している企業やタレントなどの公式アカウントのおすすめが表示されます。

❼知り合いかも?
自分のアカウントを登録しているLINEユーザーで、自分が友だちになっていないユーザーが一覧表示されます。

25

「招待」で 友だちを登録する

　LINEの「招待」機能は本来、LINEを知らない友だちにメールでLINEを教えてあげるという機能ですが、この「招待」機能を応用すると、遠くにいる友だちに自分の登録情報をURL化してメールで送信することができます。すでに友だちがLINEユーザーであれば、URLにアクセスすると友だち登録されます。

遠くにいる友だちに自分の登録情報をURL化してメールで送信する

1 「友だち追加」をタップする

メインメニュー「ホーム」→「友だち追加」を順番にタップします。

2 「友だち追加」の「招待」をタップ

「友だち追加」画面の友だち追加メニューの「招待」をタップします。

3 「メールアドレス」をタップする

「SMS」か「メールアドレス」の選択メニューが表示されるので、「メールアドレス」をタップします。

4 メールリストの「招待」をタップ

端末に登録してあるメールアドレスのリストが表示されるので、選んで「招待」をタップします。

5 自分の登録情報のURLを探す

メールの送信画面が表示されるので、画面をスクロールさせて、登録情報のURLを探します。

6 自分の登録情報のURLをコピーする

自分の登録情報のURLを見つけたら、登録情報のURLをコピーします。

7 自分の登録情報のURLをペーストする

メールアプリを起動して新規メールの作成画面を開いて、手順6でコピーしたURLをペーストします。あとは友だちに送信するだけです。

P O I N T

登録情報のURLを他のSNSで公開しない

　自分の登録情報のURLはLINEユーザーであれば、URLにアクセスするだけで友だち登録できるので、FacebookなどのSNSで公開した場合、不特定多数のユーザーと友だちになってしまう可能性があります。不要なトラブルの元になるので親しい友人以外には教えないようにしましょう。

「ふるふる」で 友だちを登録する

「ふるふる」はあらかじめ端末の位置情報サービスを「オン」に設定して、「ふるふる」画面を表示して端末を互いに振って友だち登録します。友だちとして検出されたユーザーはお互いに「追加」をすると友だち登録されるので、万が一知らないユーザーを検出しても一方的な追加はできません。

端末の位置情報サービスを設定してお互いのスマートフォンを振る

1 位置情報サービスを「オン」に設定する

タップ

iPhoneは「設定」→「プライバシー」→「位置情報サービス」、Androidは「設定」→「位置情報」を順番にタップして位置情報サービスを「オン」に設定します。

→

2 お互いの端末で「ふるふる」を起動

タップ

メインメニュー「ホーム」→「友だち追加」を順番にタップします。「友だち追加」画面の「ふるふる」をタップすると「ふるふる」機能が起動します。

→

3 スマートフォンをお互いに振る

「ふるふる」機能を起動したまま、お互いのスマートフォンを振ります。ユーザーが検出されない場合は端末の位置情報サービスが「オン」に設定されているか確認しましょう。

→

4 検出された友だちをお互いに追加する

❶タップ
❷タップ

画面に検出された友だちが表示されるので、追加する友だちをチェックして「追加」をタップします。お互いに友だちを追加したことが確認されると友だちの追加が完了します。

 P O I N T | **「ふるふる」がうまくいかない時は？**

「ふるふる」機能で友だち登録が上手くいかない場合は以下のようなポイントに注意してもう一度「ふるふる」操作を行ってみましょう。

オンに設定

→

→

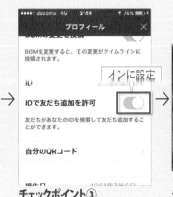

オンに設定

→

チェックポイント①
位置情報サービスを確認

どちらかの端末の位置情報サービスがオフだと「ふるふる」はできません。位置情報サービスが「オン」になっているかお互いに確認してみましょう。

チェックポイント②
お互いに追加したかどうか

「ふるふる」は友だちとして検出されたユーザー同士がお互いに追加しないと友だち登録されません。お互いに友だちを追加したかどうか確認してみましょう。

チェックポイント③
ID検索がオンになっているか

まれに「IDで友だち追加を許可」をオンにしていないと「ふるふる」できない場合があります。プロフィール設定を確認してみましょう。

チェックポイント④
端末を近づけて振ってみる

端末同士が遠すぎると「ふるふる」がうまくいかない場合があります。端末を近づけて振ってみましょう。

アカウント設定＆友だち登録

「QRコード」で友だちを登録する

　LINEに搭載されているQRコードリーダーでQRコードを読み取って友だち登録することができます。QRコードはその場の画面上で表示することができるほか、メールで転送することもできます。遠くにいてすぐに会うことができない友だちやID検索や「ふるふる」が使えない場合はQRコードを利用して友だち登録します。

友だちにQRコードを表示してもらって友だち登録する

1 「QRコード」をタップする

メインメニュー「ホーム」→「友だち追加」を順番にタップします。「友だち追加」画面の「QRコード」をタップするとQRコードリーダーが起動します。

→

2 友だちにQRコードを表示してもらう

友だちのLINEで、メインメニュー「ホーム」→「友だち追加」→「QRコード」→「マイQRコード」を順番にタップしてQRコードを表示してもらいます。

→

3 友だちのQRコードを読み取って登録する

❶友だちのQRコードを読み取る

QRコードをスキャンして友だちを追加したり、LINE Payを利用したりできます。

友だちを追加

Nameko Nemuro

追加

❷タップ

友だちの端末に表示されたQRコードを読み取ります。QRコードリーダーの画面枠内に収めると自動認識されます。読み取った友だちの「追加」をタップすると登録完了です。

POINT

QRコードを利用した後は必ず更新する

　QRコードは自分の意図しないところで転用されたり、TwitterやFacebookなどで公開されたりという可能性が少なからずあります。QRコードを利用した際は必ず利用後にQRコードを更新する必要があります。

QRコードをス　タップ　だちを追加したり、LINE Payを利用したりできます。

マイQRコード

1 QRコードリーダーを起動する

メインメニュー「ホーム」→「友だち追加」→「QRコード」を順番にタップしてQRコードリーダーを起動します。

→

友だちがこのQRコードをスキャンすると、あなたを友だちに追加できま

2 自分のQRコードを表示する

QRコードリーダーの「マイQRコード」をタップして自分のQRコードを表示します。

→

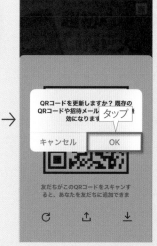

QRコードを更新しますか？ 既存のQRコードや招待メール　タップ　効になります

キャンセル　　OK

友だちがこのQRコードをスキャンすると、あなたを友だちに追加できま

3 QRコードを更新

「更新」アイコンをタップして、「OK」をタップするとQRコードが更新されます。

「ID/電話番号検索」で友だちを登録する

LINE IDか電話番号がわかっていれば、LINEでLINE ID／電話番号を検索して友だちを見つけることができます。LINE IDとは、LINEユーザーを識別するために使われる固有の符号です。ただし、年齢認証が必須なので、Facebookや格安SIMでLINEアカウントを取得した場合は利用できません。

LINE IDを検索して友だちを登録する

1 事前に年齢認証を済ませておく

メインメニュー「ホーム」→「設定」から年齢認証（P20）を行います。年齢認証の方法は各キャリアによって方法が違うので、各キャリアの指示に従って年齢認証を行います。

→

2 友だち追加画面の「検索」をタップ

メインメニュー「ホーム」→「友だち追加」→「検索」を順番にタップします。

→

3 友だちのLINE IDを入力

❶「ID」にチェック
❷友だちのIDを入力

LINE IDで検索する場合は「ID」にチェックを入れて、友だちのLINE IDを入力して検索を開始します。

→

4 友だちを検出したら「追加」をタップ

standards0319

タップ

検索結果が表示されるので、iPhoneは登録する相手の「追加」、Androidは登録する相手の「友だちリストに追加」をタップすると友だちリストへ登録が完了します。

電話番号を検索して友だちを登録する

1 事前に年齢認証を済ませておく

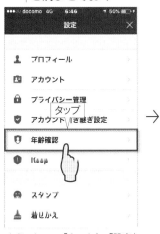

メインメニュー「ホーム」→「設定」から年齢認証（P20）を行います。年齢認証の方法は各キャリアによって方法が違うので、各キャリアの指示に従って年齢認証を行います。

→

2 友だち追加画面の「検索」をタップ

メインメニュー「ホーム」→「友だち追加」→「検索」を順番にタップします。

→

3 友だちの電話番号を入力

❶「電話番号」にチェック
❷友だちの電話番号を入力

電話番号で検索する場合は「電話番号」にチェックを入れて、友だちの電話番号を入力して検索を開始します。

→

4 友だちを検出したら「追加」をタップ

タップ

検索結果が表示されるので、iPhoneは登録する相手の「追加」、Androidは登録する相手の「友だちリストに追加」をタップすると友だちリストへ登録が完了します。

アカウント設定＆友だち登録

友だちリストを効率よく管理する

　LINEに登録した友だちはすべて友だちリストに表示されますが、ある程度友だちが増えると友だちリストの表示が増えてきて友だちを探すのに苦労する場合があります。そんな時は、友だちリストの「お気に入り」や「非表示」といった機能を利用すると友だちリストを効率よく管理することができます。

特定の友だちを「お気に入り」に登録する

　頻繁に連絡する親しい友だちは「お気に入り」に登録しましょう。お気に入り指定した友だちは友だちリストに「お気に入り」としてまとめて友だちリストの上段に表示されるので、友だちリストから探し出す手間を省くことができます。友だちのお気に入り登録は友だちの詳細画面から行います。また、お気に入り登録は友だち何人でも登録することができます。お気に入り登録を活用して効率よく友だちリストを管理しましょう。

1 お気に入り登録する友だちをタップ

メインメニュー「ホーム」を開いて「お気に入り」に登録する友だちをタップします。

2 友だちの詳細画面の「☆」をタップ

友だちの詳細画面が開いたら友だちの名前の下にある「☆」をタップします。色が緑に変わればお気に入り登録完了です。

3 お気に入りが一覧表示される

友だちリストに「お気に入り」欄が作成され、お気に入り登録した友だちが一覧表示されます。

4 お気に入り登録を解除する

お気に入り登録の解除は友だちの詳細画面の「☆」をタップします。色が白に変わればお気に入り登録が解除されます。

P OINT

友だちリストの表示名を変更する

　友だちリストの表示名は友だち自身がプロフィールに登録した名前が表示されるため、友だちリストに表示された友だちの名前がわかりにくくなることがあります。そんな時は友だちの表示名を自分がわかりやすい表示名に変更しましょう。

1 「ペン」アイコンをタップする

メインメニュー「友だち」を開いて、表示名を変更する友だちを選んでタップします。詳細画面に表示されている友だちの表示名の右にある「ペン」アイコンをタップします。

新しい表示名を入力して「保存」をタップ

2 新しい友だちの表示名を入力

入力欄に友だちに付ける新しい表示名を入力して「保存」をタップすると、友だちリストの表示名が変更されます。

表示名を削除して何も入力せずに「保存」をタップ

3 友だちの表示名を元の表示名に戻す

表示名を入力する際に現在の表示名を削除して何も入力せずに「保存」をタップすると元の表示名に戻ります。

「非表示」機能を利用して友だちリストを整理する

LINEを長く利用していると友だちが増えていくことはもちろん、公式アカウントの登録も増えたりして友だちリストから特定の友だちを探すことが面倒になっていきます。そんな時はあまり連絡をとらない友だちや公式アカウントを「非表示」に設定して友だちリストを整理整頓しましょう。この「非表示」機能はあくまで友だちリストに表示されなくなるだけなので、非表示を解除して再表示することも可能です。

1 友だちをロングタップ
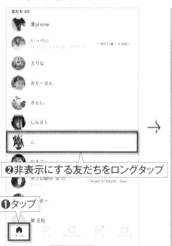
メインメニュー「ホーム」をタップして友だちリストを表示します。非表示にする友だちをロングタップします。

2 「非表示」をタップする

表示された操作メニューの「非表示」をタップすると、友だちが非表示になります。

3 非表示リストを確認する

メインメニュー「ホーム」→「設定」→「友だち」→「非表示リスト」を順番にタップすると非表示リストが表示されます。

4 非表示にした友だちを再表示する

友だちを再表示する場合は一覧の「編集」をタップして「再表示」を選びます。

拒否したい友だちはすべて「ブロック」

LINEでは本人の意図しないところで「友だち」として他のユーザーに登録されている場合があるため、そういった人物とトラブルになる可能性もないとはいえません。もし、LINE上でつながっている友だちとトラブルになり、その友だちとLINEのやり取りをやめたい場合は「ブロック」機能を利用しましょう。「ブロック」機能は特定の友だちからの連絡をシャットアウトする機能で設定された友だちからの連絡は一切入らなくなります。

1 友だちをロングタップ

メインメニュー「ホーム」をタップして友だちリストを表示します。ブロックする友だちをロングタップします。

2 「非表示」をタップする

表示された操作メニューの「ブロック」をタップすると、友だちをブロックできます。

3 ブロックリストで確認する
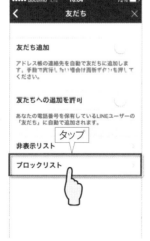
メインメニューの「ホーム」→「設定」→「友だち」→「ブロックリスト」を順番にタップするとブロックリストが表示されます。

4 ブロックした友だちを解除する

ブロックを解除する友だちにチェックを入れて、「ブロック解除」をタップすると解除されます。

Q. LINEのセキュリティを万全にしたい!

A. セキュリティ対策の基礎知識をマスターしましょう

　LINEはサービス開始後わずか数年で日本の人口の45%以上をカバーするほどに普及しましたが、その反面、今話題になっているLINEの流出騒動やアカウント乗っ取り事件などトラブルも増加しています。グループで瞬時に連絡が取れる上に、画像やファイルも送信できることからビジネス上でも活用されることの多いLINEだけに不要なトラブルは絶対に避けなければなりません。そのためにはLINEに関する正しい知識とセキュリティ対策を行う必要があります。セキュリティ対策さえしっかりと行っていれば、不要なトラブルを事前に防ぐことができるようになります。

LINEに関する主なトラブルの事例

- アカウント乗っ取り
- 個人情報の漏洩
- 違法ビジネスの勧誘
- 書き込み詐欺
- 個人トラブル

LINEを実際に使い始める前に、現在起こっているLINEに関するトラブルとそれに対するセキュリティ対策の基礎知識をしっかり身に付けておくことが大切です。

セキュリティ対策

LINEのセキュリティ対策

- LINEにパスコードロックをかける!
- 知らないユーザーとは交流しない!
- 他の機器からのログインを禁止する!
- LINEトークの通知設定を確認する!
- 不審なメッセージをブロックする!
- LINEの非公式掲示板は利用しない!

知らない友だちは「ブロック」して「削除」する

LINEでは本人の意図しないところで「友だち」として他のユーザーに登録されている場合があるため、見ず知らずのユーザーからメッセージが届く場合があったりします。もし、知らないユーザーからメッセージが届いた場合はトラブル回避のために無視するのが最善です。LINEには特定のユーザーからの連絡をシャットアウトする「ブロック」機能が搭載されているので、知らないユーザーはなるべく「ブロック」して削除しましょう。

❷ブロックする友だちをロングタップ
❶タップ

1 友だちをロングタップする

メインメニュー「ホーム」をタップして友だちリストを表示します。ブロックする友だちをロングタップします。

タップ

2 「ブロック」をタップする

表示された操作メニューの「ブロック」をタップすると、友だちをブロックできます。

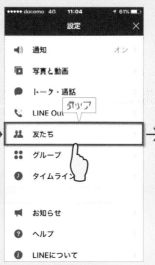

タップ

3 設定画面の「友だち」をタップ

メインメニュー「ホーム」→「設定」を順番にタップします。設定画面の一覧から「友だち」を選んでタップします。

タップ

4 「ブロックリスト」をタップする

「友だち」メニューの一覧の中の「ブロックリスト」をタップするとブロックした友だちの一覧が表示されます。

❶削除する友だちにチェック

❷タップ

5 削除する友だちにチェックを入れる

削除する友だちにチェックを入れて、「削除」をタップすると友だちリストから削除されます。

「ブロック」と「非表示」の違いって何?

「ブロック」機能はブロックした友だちからのトークや無料通話の通知を遮断する機能ですが、LINEには「非表示」という機能も搭載されています。「非表示」機能は設定した友だちが友だちリストやトーク履歴に表示されなくなる機能で、LINEユーザー全般に設定できるブロック機能と違って「友だち」のみに適用できる機能です。また、「非表示」に設定しても送信されたトークや無料通話は通常通り通知され、「トーク」内にトークルームやトーク履歴も作成されるので、友だちリストを整理するために利用するのがオススメです。

「ブロック」機能は友だちからの連絡を一切遮断する機能で全LINEユーザーに対して設定できます。

「非表示」機能は友だちリストやトーク履歴から友だちを一時的に消去する機能で、友だちからの連絡自体は遮断しません。「友だち」のみに適用できる機能です。

不審なメッセージには絶対に返信しない!

LINEの性質上、友だち以外のユーザーからメッセージが届く可能性があります。相手の連絡先に自分の電話番号が登録されていたことで相手のみがあなたをLINE友だちにしている場合、昔の友人や知人で電話帳から消えてしまっている人など様々な理由が考えられますが、身に覚えのないメッセージに応答するのは不要なトラブルを招く可能性があります。友だち登録している以外のユーザーのメッセージを受信拒否して、友だち登録しているユーザーとのみメッセージのやり取りをしましょう。見知らぬユーザーからのメッセージに絶対返信してはいけません。

1 「プライバシー管理」をタップする

メインメニュー「ホーム」→「設定」を順番にタップします。「設定」画面の「プライバシー管理」をタップします。

2 友だち以外からのメッセージを受信拒否する

iPhoneは「メッセージ受信拒否」のスライドバーを右へスライドして友だち以外からのメッセージを受信を拒否するよう設定します。Androidは「メッセージ受信拒否」の項目にチェックを入れて友だち以外からのメッセージを受信を拒否するよう設定します。

見知らぬメッセージには返信しちゃダメ!

見知らぬユーザーへの返信はまったく知らない第三者に友だち登録されてしまうことと同じです。いくらセキュリティに気を使ってても自らトラブルを招くようなものです。不審なメッセージが届いたら迷わず「ブロック」して削除しましょう。

必要な時以外はID検索をオフに設定する

LINE IDとは、LINEユーザーを識別するために使われる固有の符号で、1つのアカウントに対して1つのLINE IDを登録することが可能です。登録しておくと友人とLINE IDを検索して、スムーズに友だち登録ができるようになりますが、設定したIDを知らないユーザーに検索され、見知らぬユーザーからメッセージが届いてしまう可能性があります。LINE IDの検索機能は使う時のみオンに設定して、使わない場合はオフに設定しましょう。LINEのセキュリティは格段に高まります。

「IDで友だち追加を許可」を「オフ」に設定する

メインメニュー「ホーム」→「設定」→「プライバシー管理」を順番にタップします。iPhoneは「IDで友だち追加を許可」のスライドバーを左へスライドしてオフに設定します。Androidは「IDで友だち追加を許可」の項目のチェックを外してオフに設定します。

LINE IDを登録する場合は要注意!

近年、LINE関連の掲示板においてLINE IDを公開してトラブルに発展してしまうケースが多発しています。LINE IDは半角英数20字以内で設定しますが、1度設定すると2度と変更できません。LINE IDを設定した場合は絶対にインターネット上で公開しないようにしましょう。

LINEの不正ログインを防止する

パソコン版LINEやタブレット版LINEとスマホ版LINEを併用していると誰かが自分のアカウントでログインする可能性や自分が席を外している間に盗み見する可能性もあります。パソコンやiPadでLINEを利用しない時は他の機器からのログインをオフに設定しておきましょう。また、アカウントメニューの「ログイン中の端末」では同アカウントでログインしている機器を一覧表示することができるので、自分のアカウントが不正に利用されていないか定期的にチェックしましょう。

1 「アカウント」をタップ

メインメニューの「ホーム」→「設定」→「アカウント」を順番にタップします。

2 「ログイン許可」をオフに設定する

iPhoneは「ログイン許可」のスライドバーを左へスライドしてログイン許可を「オフ」にします。Androidは「ログイン許可」のチェックボックスのチェックを外してログイン許可を「オフ」にします。

不正ログインをチェックする

1 「ログイン許可」をオン

メインメニューの「ホーム」→「設定」→「アカウント」を順番にタップします。iPhoneは「ログイン許可」のチェックボックスのチェックを入れてログイン許可を「オン」にします。Androidは「ログイン許可」のスライドバーを右へスライドしてログイン許可を「オン」にします。

2 ログイン中の端末が一覧表示される

ログイン中の端末が一覧表示されます。表示されている端末の「ログアウト」をタップすると強制的にログアウトすることができます。

トークの通知設定を見直して再設定する

LINEでメッセージを受信したら画面にポップアップで通知してくれるLINEの通知機能は便利な機能ですが、設定によっては受信したメッセージを他人が読んでしまう危険性も伴います。特にAndroidの場合はiPhoneよりも通知機能が充実しているので、設定によってはメッセージをすべてを見られてしまう可能性もあります。LINEの通知機能は設定に応じてトークの内容を通知に表示しないようにしたり、通知自体をオフにすることもできます。

通知設定をオフにする

メインメニューの「ホーム」→「設定」→「通知」を順番にタップします。iPhoneは「新着メッセージ」を指で左にスライドしてオフにします。Androidは画面表示の項目の「画面オン時~」と「画面オフ時~」をタップしてオフに設定します。

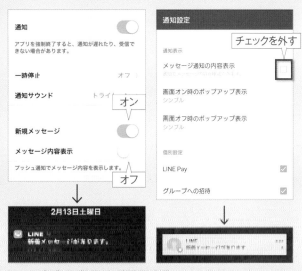

トーク内容を表示せず通知する

iPhoneは「新着メッセージ」をオン、「メッセージ内容表示」をオフに設定すると通知にトーク内容が表示されません。Androidは「メッセージ通知の内容表示」のチェックボックスのチェックを外すと通知にトーク内容が表示されません。

困ったを解決する アカウント設定&友だち登録 のQ&A

Q. スマホの機種変更でLINEアカウントを引き継ぎたい!

A. メールアドレスを登録して引継ぎ許可を設定します

機種変更などの際にそれまで使っていたLINEアカウントを機種変更後の端末で引き継ぐためには旧端末と新端末それぞれで引き継ぎの手順を行う必要があります。LINEアカウントの引き継ぎをせずに

新端末で「新規登録」をしてしまうと、それまで使用していたLINEアカウントが削除され、友だちやグループ、購入したスタンプなど保有していた全ての情報が消滅してしまいます。機種変更前に旧端末の

LINEでメールアドレスとパスワードを登録と引継ぎ許可設定は必ず行いましょう。引継ぎ許可設定は24時間以内に引き継ぎを行う必要があるので、機種変更を行う当日に設定しましょう。

 →  →  →

1 メールアドレスとパスワードを登録

旧端末のLINEでメインメニュー「ホーム」→「設定」→「アカウント」→「メールアドレス登録」を順番にタップしてメールアドレスとパスワードを登録します。

2 引き継ぎ設定をオンに設定する

旧端末のLINEでメインメニュー「ホーム」→「設定」→「アカウントを引き継ぎ」を順番にタップして設定をオンにします。

3 新端末のLINEを起動する

新端末のLINEを起動してLINEアカウントの新規登録画面の「ログイン」をタップします。

4 メールアドレスとパスワードを入力

旧端末のLINEで設定したメールアドレスとパスワードを入力します。

5 電話番号を登録する

電話番号の入力を求められるので新端末の電話番号を入力します。SMSで認証番号が送付されるのでSMSに記載された認証番号を入力します。以上でアカウントを引継ぎ場合は完了です。

P OINT

Facebookアカウントでも引き継ぎできる

Facebookのアカウントを持っている人はLINEアカウントの引き継ぎをFacebookアカウントでも行うことができます。事前にLINEとFacebookを連携しておくことで、万が一LINEを引き継ぐ際にパスワードを忘れても引き継ぎができるので、Facebook認証も設定しておきましょう。

旧端末のLINEで事前にFacebookと連携して、新端末のLINEでログインする際にメールアドレスを入力する代わりにFacebook認証を行うことでFacebookアカウントでも引き継ぎができます。

P OINT

引き継ぎ許可はタップ24時間以内で!

引き継ぎ許可設定は一定時間を過ぎるとオフになってしまします。引き継ぎ許可設定をオンに設定したら必ず24時間以内に引き継ぎを開始しましょう。また、引き継ぎ許可設定は引き継ぎ以外で絶対にオンにしないでください。

Q. スマホを機種変更してもトーク履歴を引き継ぎたい!

A. Android端末はGoogleドライブ、iOS端末はiCloudにバックアップする

機種変更や端末に万が一の事態が発生する前に、重要な内容を含むトーク履歴のバックアップを取りましょう。バックアップさえ取っておけばトーク履歴の復元は可能になります。AndroidはGoogleドライブにトーク履歴をバックアップします。Androidはトーク履歴をいつでも復元できます。iPhoneはiCloudを利用してトーク履歴をバックアップします。ただし、トーク履歴の復元はLINEアカウントの引き継ぎ時以外ではできません。

Androidスマートフォン／タブレットはGoogleドライブにバックアップする

 →  →  →

1 「Googleアカウント」をタップする
メインメニュー「ホーム」→「設定」→「トーク」→「トーク履歴のバックアップ・復元」→「Googleアカウント」を順番にタップします。

2 Googleアカウントを指定する
バックアップ先となるGoogleアカウントにチェックを入れて「OK」をタップします。

3 バックアップを開始する
バックアップ先となるGoogleアカウントを設定したら、「Googleドライブにバックアップする」をタップします。トーク履歴のバックアップが開始するのでバックアップが完了するまで待ちます。

4 バックアップから復元する
トーク履歴の復元が開始するので復元が完了するまで待ちます。

iPhone／iPadはiCloudにバックアップする

 → 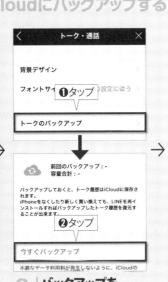 →  →

1 iPhone／iPadのiCloudをオンにする
トークのバックアップにiCloudを利用するので、「設定」をタップしてiCloudにサインインします。

2 バックアップを開始する
メインメニュー「ホーム」→「設定」→「トーク・電話」→「トークのバックアップ」→「今すぐバックアップ」を順番にタップしてバックアップを開始します。

3 アカウントの引き継ぎを行う
旧端末でアカウントの引き継ぎ操作を行います。新端末のLINEを起動して「ログイン」をタップします。

4 トーク履歴の復元を開始する
この画面が表示された状態で「トーク履歴をバックアップから復元」をタップするとトーク履歴を復元した状態でアカウントが引き継がれます。

友だちからブロックされたか
確かめる方法がある!?

LINEのブロック機能は、ブロックしたことがブロックされた側に通知されるわけではありません。「友だちと一切LINEできなくなった」「友だちから返信が来なくなった」など、自分に対する友だちの対応に異変を感じたら、ブロックされているかどうか確認してみましょう。

タイムラインが表示されるか確かめる

1 タイムラインを確認する

下から上へスワイプ

友だちリストからブロック確認する友だちを選んで、友だちのタイムラインを開きます。

2 タイムラインの通常の状態

通常はタイムラインが表示される

ブロック疑惑のある友だちのタイムラインの現状を過去の状態と見比べます。ブロックされていなければ投稿が表示されます。

3 ブロックの可能性があるタイムライン

タイムラインが表示されない時はブロックされている可能性がある

これまで表示されていたタイムラインが過去に遡ってすべて表示されなくなったらブロックされているかもしれません。ただし、友だちがタイムラインの投稿の公開範囲を変更したり、投稿を削除しただけという可能性もあります。

友だちにスタンプがプレゼントできるか確認する

1 スタンプショップにアクセス

Androidはスタンプショップを開きます。iPhoneはブラウザでLINEストア(https://store.line.me/home/ja)にアクセスしてログインします。

2 スタンプをプレゼント

タップ

どれでもいいのでスタンプを開きます。「プレゼント」をタップして、ブロック疑惑の友だちを指定します。

3 プレゼントできない

「すでに所有済み」のメッセージが表示される場合は相手にブロックされている可能性があります。一回だけでは偶然の可能性もあるので、スタンプ何個かで試して、いずれも同じようならブロックされている可能性が大きいでしょう。

PART 3

LINEトーク&
スタンプ

LINEトークで メッセージを送る

　LINEのメインである「トーク」は「トークルーム」と呼ばれる場所で行います。メインメニュー「ホーム」から友だちを選んでトークルームを作成して、友だちにメッセージを送信します。トークルームでは、送信した内容は右側に緑色の吹き出し、受信した内容は左側に白色の吹き出しで表示されます。

「トークルーム」の画面構成を覚えよう

　友だちとトークのやり取りをするトークルームは自分が送信したメッセージは画面右側に緑の吹き出し、相手から送信されたメッセージは画面左側に白の吹き出しで表示されます。また、iPhone版LINEと　Android版LINEでは、トークルームの画面構成が若干違っているので、自分が使っている端末の機種を確認して、トークルームの画面構成をそれぞれチェックしておきましょう。

iPhone／iPad

❶戻る
　タップすると「トーク履歴」画面に戻ります。また、画面右フリックすることでも「トーク履歴」画面に戻ることができます。

❷トーク相手
　トークの相手の名前が表示されます。

❸無料通話／ビデオ通話
　トーク画面から無料通話／ビデオ通話のどちらかを選択して通話をすることができます。

❹設定メニュー
　通知のオン・オフやブロックなどの各種設定のほか、トークルームでやり取りした写真の一覧表示なども行えます。

❺トークメニュー
　画像や動画の送信、連絡先や位置情報など、メッセージの他に送信できるサブメニューが表示されます。

❻カメラ
　iPhone／iPadの内蔵カメラが起動して、リアルタイムで写真を撮影して送信できます。

❼画像／動画
　iPhone／iPadに保存されている画像／動画の一覧が表示されます。画像／動画を選んで送信できます。

❽メッセージ入力欄
　ソフトウェアキーボードが表示され、メッセージ入力を行えます。送信できる最大文字数は1万文字です。

❾スタンプ／絵文字
　スタンプや絵文字、顔文字などの一覧が表示されます。初期状態では、4種類のスタンプが用意されています。

❿マイク
　音声メッセージを録音して友だちに送信できます。

⓫スクロール
　トークルームの最下層に画面表示が移動します。

⓬メイン画面
　自分が送信したトークは画面右側に緑のフキダシ、相手から送信されたトークは画面左側に白のフキダシで表示されます。

Androidスマホ／タブレット

❶戻る
　タップすると「トーク履歴」画面に戻ります。

❷トーク相手
　トークの相手の名前が表示されます。

❸無料通話／ビデオ通話
　トーク画面から無料通話／ビデオ通話のどちらかを選択して通話できます。

❹ノート／アルバム
　トークしている友だちと、メモなどをまとめた「ノート」や写真をまとめた「アルバム」を共有できます。

❺設定メニュー
　通知のオン／オフやブロックなどの各種設定のほか、トークルームでやり取りした写真の一覧表示などができます。

❻トークメニュー
　画像や動画の送信、連絡先や位置情報など、メッセージの他に送信できるサブメニューが表示されます。

❼カメラ
　Androidスマホ／タブレットの内蔵カメラが起動して、リアルタイムで写真を撮影して送信できます。

❽画像／動画
　Androidスマホ／タブレットに保存されている画像／動画の一覧が表示されます。画像／動画を選んで送信できます。

❾メッセージ入力欄
　ソフトウェアキーボードが表示され、メッセージ入力を行えます。送信できる最大文字数は1万文字です。

❿スタンプ／絵文字
　スタンプや絵文字、顔文字などの一覧が表示されます。初期状態では、4種類のスタンプが用意されています。

⓫スクロール
　トークルームの最下層に画面表示が移動します。

⓬マイク
　音声メッセージを録音して友だちに送信できます。

⓭メイン画面
　自分が送信したトークは画面右側に緑のフキダシ、相手から送信されたトークは画面左側に白のフキダシで表示されます。

⓮「戻る」キー
　表示させたメニューの消去などが行えます。また、トークルームから「トーク履歴」画面に戻ることが可能です。

P A R T 3

友だちを選んでトークを始める

　LINEに登録した友だちと初めてトークを行う場合は、友だちのホーム画面から「トーク」をタップして行います。一度でも相手とメッセージの送受信を行っていれば、「トーク」画面に履歴として「トークルーム」が残ります。次回以降はトークルームを開き、トークを行うことが可能です。トークの

基本は文字によるメッセージのやり取りです。メッセージを入力して送信すると画面上に吹き出しの形でメッセージが表示されます。友だちがメッセージを確認したかは「既読」マークにより判断することができます。友だちが確認すると吹き出しに「既読」マークが付きます。

1 | トークする友だちを選択してタップする

メインメニュー「ホーム」をタップして友だちリストを表示します。トークする友だちを友だちリストから選んでタップします。

2 | プロフィール画面の「トーク」をタップ

手順1で選んだ友だちのプロフィール画面が表示されるので、「トーク」をタップすると「トークルーム」が作成されます。

3 | トークルームでメッセージを送信

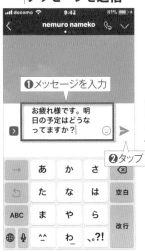

テキスト入力欄をタップするとキーボードが表示されるので、メッセージを入力して「送信」をタップします。

4 | 送信したメッセージがトークルームに表示

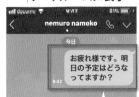

送信したメッセージは緑色の吹き出しで表示。相手が読むと「既読」が付く。

トークルームに送信したメッセージが画面右側に緑色の吹き出しで表示されます。相手が確認すると「既読」が付きます。

複数の友だちと同時にトークをしてみよう

　トークは1対1だけでなく、複数の友だちと同時に行う「複数人トーク」も可能です。イベントの打ち合わせや連絡事項を一括で済ませられるなど大変便利な機能と言えます。複数人トークを行うには、「トーク履歴」の画面右上のアイコンをタップして、トークしたい友だちを複数選択。

「作成」をタップして複数人用のトークルームを作成します。基本的な操作は通常のトークと変わりませんが、メッセージが「既読」になった際に確認した人数が記される点やメンバーを追加できるなどの機能が備わっています。

1 | メインメニューの「トーク」をタップ

メインメニュー「トーク」をタップして、「トーク」画面右上にあるアイコンをタップします。

2 | 「トーク」をタップする

トークルーム作成のメニューが表示されます。複数の友だちとトークをする場合も「トーク」をタップします。

3 | トークする友だちを選んで「作成」をタップ

トークしたい友だちすべてにチェックを入れます。友だちをチェックしたら「次へ」をタップします。

4 | メッセージが表示され「既読」に数字が付く

選んだ友だちが表示される

メッセージを入力して送信

トークルームに友だちを招待した旨が表示されます。あとは通常のトークと同様にメッセージを入力して送信します。

iOS版LINEの文字入力の基本操作

❶トークメニュー表示
画像やカメラなどトークメニューが表示されます。

❷入力欄
入力した文字が表示されます。

❸スタンプ／絵文字
トークに使えるスタンプや絵文字の一覧が表示されます。

❹送信
入力欄に表示された文字を送信します。

❺予測変換
入力した文字の予測変換候補が表示されます。

❻文字送り
「ああ」など同じ文字を重ねて入力する際に1文字送ります。

❼キーボード
キーボードの入力するキーを複数回タップするか、入力するキーをロングタップして入力する文字がある方向へフリックすると入力できます。

❽×（1字消す）
入力した文字を1文字消します。

❾逆順
「う→い→あ」というように入力した文字を逆順で表示できます。

❿空白
1字分スペースを入力できます。

⓫文字入力切り替え
「かな入力から数字入力」などキーボードの入力表示を切り替えることができます。

⓬改行
入力欄で次の段落へ改行できます。

⓭キーボード切り替え
「テンキーキーボードからPCキーボード」などキーボードの種類を切り替えることができます。

⓮音声入力
音声入力できます。

トグル入力で文字を入力

トグル入力の場合は、キーボードの入力するキーを複数回タップ（例えば「い」なら「あ」を2回タップ）して入力する文字を決定、「確定」をタップして入力完了です。

フリック入力で文字を入力

フリック入力の場合は、入力するキーを長押しすると入力の方向キーが表示されるので、入力する文字がある方向へフリックして決定、「確定」をタップして入力完了です。

入力する文字に濁点を付ける

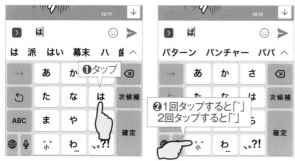

濁点が必要な文字を入力後に「濁点」キーを1回タップすると「゛」、2回タップすると「゜」が付きます。

入力した文字を消す

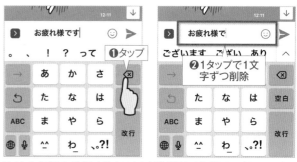

入力した文字もしくは入力途中の文字を消す場合は「×」をタップすると入力した文字が一字消えます。消したい文字数分だけ「×」をタップします。

直接変換

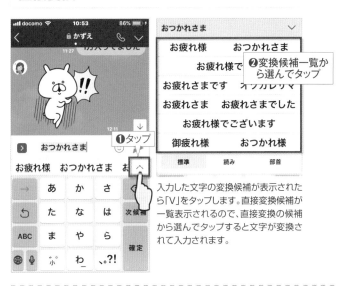

❶タップ

❷変換候補一覧から選んでタップ

入力した文字の変換候補が表示されたら「∨」をタップします。直接変換候補が一覧表示されるので、直接変換の候補から選んでタップすると文字が変換されて入力されます。

予測変換

❷左右にスワイプして変換候補を選んでタップ

❷選んだ候補が入力される

入力した文字の変換候補が表示されたら「予測」タブをタップします。予測変換の候補から選んでタップすると予測変換されて入力されます。「∨」をタップすると予測変換候補が一覧表示されます。

アルファベットを入力する

1回タップ

半角スペース入力

「文字入力切替」を1回タップすると入力モードがアルファベットに切り替わります。「空白」キーで半角スペース、「a/A」キーで大文字小文字の切り替えができます。

数字を入力する

2回タップ

「」や〔〕など入力

「/」や「-」など入力

「文字入力切替」を2回タップすると入力モードが数字に切り替わります。「0」キーの左のキーで「」や〔〕、右のキーで「／」や「-」などの記号が入力されます。

顔文字を入力する

❶タップ

❷顔文字を選んでタップ

「顔文字」キーをタップすると顔文字の予測変換が表示されます。予測変換の「∨」をタップすると顔文字の一覧が表示されるので、入力する顔文字を選んでタップします。

絵文字を入力する

❶1回タップ

❷絵文字を選んでタップ

❸タップして戻る

「キーボード切り替え」を1回タップすると絵文字の一覧が表示されるので、入力する絵文字を選んでタップします。絵文字入力後、「キーボード切り替え」をタップするとキーボードが元に戻ります。

Android版LINEの文字入力の基本操作

Androidスマホ／タブレットのテンキーキーボード

❶トークメニュー
LINEトーク作成に関するメニューが表示されます。

❷スタンプ／絵文字
トークに使えるスタンプや絵文字の一覧が表示されます。

❸入力欄
入力した文字が表示されます。

❹送信
入力欄に表示された文字を送信します。

❺予測変換
入力した文字の予測変換候補が表示されます。

❻ツール
キーボードツールバーの表示／非表示を切り替えます。

❼キーボード
キーボードの入力するキーを複数回タップするか、入力するキーをロングタップして入力する文字がある方向へフリックすると入力できます。

❽×（1字消す）
入力した文字を1文字消します。

❾←（1字戻る）
入力した文字の1文字前に戻ります。

❿→（1字進む）
入力した文字の1文字先に進みます。

⓫記号／顔文字／絵文字
記号／顔文字／絵文字の入力候補が表示されます。

⓬空白
1字分スペースを入力できます。

⓭文字入力切り替え
「かな入力から数字入力」などキーボードの入力表示を切り替えることができます。

⓮改行
入力欄で次の段落へ改行できます。

トグル入力で文字を入力する

トグル入力の場合は、キーボードの入力するキーを複数回タップ（例えば「い」なら「あ」を2回タップ）して入力する文字を決定、「確定」をタップして入力完了です。

フリック入力で文字を入力する

フリック入力の場合は、入力するキーを長押しすると入力の方向キーが表示されるので、入力する文字がある方向へフリックして決定、「確定」をタップして入力完了です。

入力する文字に濁点を付ける

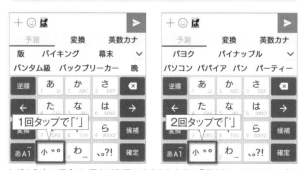

トグル入力の場合は、濁点が必要な文字を入力後に「濁点」キーを1回タップすると「゛」、2回タップすると「゜」が付きます。

フリック入力

フリック入力の場合は、濁点が必要な文字を入力後に「濁点」キーを長押しして、右へフリックで「゛」、左にフリックで「゜」が付きます。

入力した文字を消す

消したい文字数分だけタップ

1回タップすると1文字削除

入力した文字もしくは入力途中の文字を消す場合は「×」をタップすると入力した文字が一字消えます。消したい文字数分だけ「×」をタップします。

記号／顔文字／絵文字を入力する

❷選んでタップ

一覧表示する時はタップ

❶タップ

記号		(^O^)		絵文字	∨
！	「	」	？	／	
：	；	‐	＿	（	）

記号	(^O^)	絵文字	∨
(^-^)/			
(^-^)ノ∠*。.:*・°☆		(^-^)v	

| 記号 | (^O^) | 絵文字 | |
| （絵文字） | | | |

「記号」キーをタップして、記号／顔文字／絵文字タブのいずれかをタップします。表示された入力候補から記号／顔文字／絵文字を選んでタップします。「∨」をタップすると一覧表示されます。

直接変換で文字を変換する

❸選んでタップ

❶タップ

❷タップ

入力した文字の変換候補が表示されたら「変換」タブをタップします。直接変換の候補から選んでタップすると文字が変換されて入力されます。「∨」をタップすると直接変換候補が一覧表示されます。

予測変換で文字を変換する

❸選んでタップ

❶タップ

❷タップ

入力した文字の変換候補が表示されたら「予測」タブをタップします。予測変換の候補から選んでタップすると予測変換されて入力されます。「∨」をタップすると予測変換候補が一覧表示されます。

アルファベットを入力する

❶1回タップ

❷大文字／小文字切り替え

❸半角スペース入力

「文字入力切替」を1回タップすると入力モードがアルファベットに切り替わります。「スペース」キーで半角スペース、「1」キーでハイフンなどの記号が入力されます。

数字を入力する

❶2回タップ

❷タップ

「文字入力切替」を2回タップすると入力モードが数字に切り替わります。「0」キーの左のキーで「:」や「/」、右のキーで「¥」や「#」などの記号が入力されます。

45

LINEトークで画像を送信する

　LINEのトークでは写真や画像を送ることができます。仲間と撮影した写真やちょっとした画像メモなどを気軽にやり取りして、写真ならではの楽しさを伝えることが可能です。また、あらかじめスマートフォンに保存されている写真だけでなく、カメラ機能を利用してその場で撮影した写真を送信できます。

スマートフォンに保存してある画像を送信する

1 「画像／動画」をタップする

画像を送りたい相手のトークルームを表示して、メッセージ入力欄の左側にある「画像／動画」アイコンをタップします。

2 送信する画像を選んでタップ

スマホに保存してある画像の一覧から送信したい画像を選んでタップします。画像は複数枚でも送信できます。

3 画像を選んだら「送信」をタップ

送信する画像をすべて選んだら「送信」をタップすると送信完了です。複数枚選んだ場合はタップした順番で送信されます。

4 画像の送信が完了する

画像の送信が完了すると、トークルームに送信した画像が表示されます。

スマートフォンで写真を撮影して送信する

1 「カメラ」をタップする

メッセージ入力欄の左側にある「カメラ」アイコンをタップするとスマートフォンの内蔵カメラが起動します。

2 内蔵カメラで写真を撮影する

写真を撮影します。Androidでは、撮影時にリアルタイムで効果や変更を付けることが可能です。

3 「送信」をタップして送信完了

撮影した写真は加工できます。加工しない場合は「送信」をタップすると送信が完了します。

4 写真の送信が完了する

撮影した写真の送信が完了すると、送信した写真がトークルームに表示されます。

P
A
R
T
3

LINEトークで
動画を送信する

LINEトークではメッセージや写真だけでなく、動画を送信することも可能です。動画をLINEのトークに送信すれば、気軽に友だちに見てもらうことができます。撮影して送信できる動画の上限は300秒となり、あまり長時間の動画を送信することはできませんが、上限に収められるように編集できます。

スマートフォンに保存してある動画を送信する

1 「画像／動画」をタップする

動画を送りたい相手のトークルームを表示して、メッセージ入力欄の左側にある「画像／動画」アイコンをタップします。

2 送信する動画を選んでタップ

スマートフォンに保存してある画像／動画の一覧から送信したい動画を選んでタップします。

3 動画を選んだら「送信」をタップ

動画を編集する場合はシークバーで調節します。編集しない場合はそのまま「送信」をタップします。

4 動画の送信が完了する

トークルームに送信した動画が表示されます。動画の長さによって送信完了まで時間がかかる場合があります。

スマートフォンで動画を撮影して送信する

1 「カメラ」をタップする

メッセージ入力欄の左側にある「カメラ」アイコンをタップするとスマートフォンの内蔵カメラが起動します。

2 シャッターボタンをロングタップする

ロングタップ（長押し）

シャッターボタンをロングタップすると動画の撮影開始です。もう一度シャッターボタンをタップすると撮影が終了します。

3 撮影が完了したら「送信」をタップ

動画を編集する場合はシークバーで調節

撮影した動画を編集する場合はシークバーで調節します。編集しない場合はそのまま「送信」をタップします。

4 動画の送信が完了する

トークルームに送信した動画が表示されます。動画の長さによって送信完了まで時間がかかる場合があります。

LINEトーク＆スタンプ

LINEトークで「スタンプ」を送る

　「スタンプ」は、トーク機能の魅力を引き出す特徴のひとつ。ユニークなイラストやキャラクターのスタンプは、文章や絵文字では伝えきれない機微なニュアンスもひと目で伝えることができます。また、手軽に送信することができるのも魅力のひとつです。文章を書くのが苦手な人にオススメの機能です。

標準搭載されているスタンプをダウンロードする

1 テキスト入力欄横の「顔」をタップ

テキスト入力欄横の「顔」アイコンをタップすると、キーボードの場所にスタンプの選択画面が表示されます。

2 初期搭載されたスタンプを選択

画面下部から初期搭載されているスタンプを選択して、「ダウンロード」をタップします。

3 スタンプをダウンロード

「マイスタンプ」から一括ダウンロードも行えます。個別にダウンロードする場合は、スタンプ情報から入手します。

4 ダウンロード完了でスタンプが使用可能

ダウンロードが完了するとスタンプが使用可能になります。後は入手したスタンプを送信してトークを楽しみましょう。

「スタンプ」の基本的な使い方をマスターする

1 テキスト入力欄の「顔」をタップ

トークルームのテキスト入力欄にある「顔」アイコンをタップするとスタンプの選択画面が表示されます。

2 スタンプを一覧から選ぶ

❶スタンプを選ぶ
❷送信するスタンプをタップ

画面下部からキャラクターを選び、利用したいスタンプをタップするとプレビューが表示されます。

3 選んだスタンプを友だちに送信する

友だちに送信するスタンプが決まったら「送信」をタップするとスタンプは送信されます。

4 トークルームにスタンプが表示

送信したスタンプが表示

トークルームに送信したスタンプが表示されます。さまざまな種類のスタンプがあるので、いろいろと試してみましょう。

スタンプのプレビューをオフにする

　動くスタンプやしゃべるスタンプに加え、画面を飛び出してアニメーションするポップアップスタンプなどLINEには様々なスタンプがありますが、それら特殊なスタンプをスタンプレビューしていると、わずらわしいと感じることがあります。そんな時は、スタンプのプレビュー設定をオフにすれば、スタンプを選択するだけでトークに送信されるようになります。ただ、送信ミスをしてしまう可能性も上がるので、自分の使い勝手に合わせて設定のオン・オフを行いましょう。

1 「ホーム」→「設定」を順番にタップする	2 「スタンプ」をタップする	3 「スタンププレビュー」をオフに設定する	4 タップするだけでスタンプが送信
		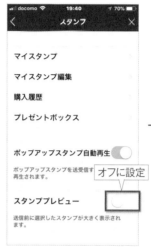	
メインメニュー「ホーム」→「歯車（設定）」を順番にタップして、「設定」画面を開きます。	「設定」画面が開いたら、設定項目の一覧から「スタンプ」を選んでタップします。	スタンプの設定画面が開いたら「スタンププレビュー」をオフに設定します。	これでスタンププレビューが非表示になり、スタンプを選択するだけでトークに送信されるようになります。

スタンプの予測候補を表示する「サジェスト機能」を無効化する

　LINEトークでは、入力したテキストの内容に対応して、スタンプの候補を自動的に予測して表示する予測変換のような「サジェスト機能」が搭載されています。思いがけないスタンプや絵文字を発見できる一方、「有料スタンプが表示され広告のようだ」、という意見や「いちいち画面に表示されるのが煩わしい」、と言った意見も多く聞かれます。「サジェスト機能」が不必要なユーザーは、LINEの「設定」画面から「トーク・通話」を開いて「サジェスト表示」をタップして、サジェスト機能を無効に設定しましょう。

1 スタンプや絵文字の予測候補が表示	2 「サジェスト表示」をタップする	3 「サジェスト表示」をオフに設定する	4 テキスト入力しても予測候補が現れない
	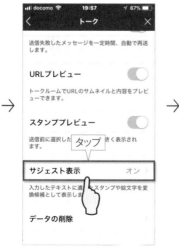		
初期設定のままだとトークルームでテキスト入力を行うと、スタンプや絵文字の予測候補が表示されます。	メインメニュー「友だち」→「設定」→「トーク」→「サジェスト表示」を順番にタップします。	スライドボタンと操作してオフに設定すればサジェスト機能は無効化されます。	サジェスト機能が無効になると、テキストを入力してもスタンプの予測候補は表示されなくなります。

LINEの通知設定を変更する

通知設定を変更すれば、受信したトークを見逃さずチェックできます。通知設定には、スマートフォン本体の設定とLINEの設定が存在するので、ふたつの設定を組み合わせることで使用環境に合った「通知」にカスタムすることが可能です。設定の働きを理解して、自分用の「通知」を設定してみましょう。

バナーでLINEの通知を表示させる

1 | iOS版LINEの通知設定を変更する

❶オンに設定
❷タップ

LINEから着信があるとバナーで通知される

iPhone／iPadの「設定」から「通知」をタップして、表示されたアプリの一覧から「LINE」を選択してタップします。「通知を許可」をオンに設定して、通知スタイルから「ロック画面」と「バナー」を選んでタップすれば設定は完了です。

2 | Android版LINEの通知設定を変更する

オフに設定

LINEから着信があるとバナーで通知される

Androidの「設定」を起動して「通知」をタップします。通知画面内のアプリ一覧のリストから「LINE」を探してタップします。表示された項目の「すべてブロック」がオフになっていたら設定は完了です。

ポップアップでLINEの通知を表示させる

1 | iPnone／iPad本体の「設定」から通知設定を変更する

❶オンに設定
❷オンに設定

ポップアップでロック画面に通知

メインメニューの「友だち」から「設定」をタップして「通知」画面を表示します。「通知」をオンして、「新規メッセージ」と「メッセージ内容表示」をオンに設定すると、iPnone／iPadのロック画面にポップアップでLINEの通知が表示されるようになります。

2 | Androidスマホ／タブレット本体の「設定」から通知設定を変更する

すべてにチェックを入れる

ポップアップでロック画面に通知

メインメニューの「友だち」から「設定」をタップして「通知設定」表示します。最上部の「通知設定」チェックを付け、通知表示の3つの項目にチェックを付けると、Androidのロック画面にポップアップでLINEの通知が表示されるようになります。

特定のトークルームからの通知を停止する

　大人数が参加しているグループトークや公式アカウントから頻繁に通知が届くのは少々煩わしいものです。そんな時は特定のトークルームからの通知を一時停止してみましょう。「ブロック」と異なり、通知のみが停止されるのでメッセージの送受信は問題なく行えます。また、LINEのア

イコンバッチやトーク履歴に未読があることを示す数字も表示されます。通知を停止しているトークルームには消音されたスピーカーのようなアイコンが付くので解除を忘れることもありません。

1 通知を停止したいトークルームを開く

メインメニューの「トーク」をタップして、トーク履歴画面を表示。通知を停止したいトークルームを開きます。

2 トークルーム右上から設定メニューを表示

トークルームを表示したら、画面右上のアイコンをタップして、「設定メニュー」を表示します。

3 メニュー内の「通知オフ」をタップ

表示された設定メニューの「通知オフ」をタップすると、このトークルームからの通知は停止されます。

4 iPhone/Androidで画面が異なる

トークの設定メニューは2019年12月現在iPhone/Androidで画面が異なります。Androidは上の画面になりますが操作自体は変わりません。

通知サウンドを自分が気付きやすい音に変更する

　LINEの着信音、いわゆるメッセージなどを受信した際の通知サウンドは変更することができます。LINEの通知サウンドを初期設定のままで使っていると、他人と同じ通知サウンドとなってしまう可能性も大いにあります。また、人によって音質の高低による聞こえやすい音、聞こえにくい

音も異なっています。自分が気付きやすい通知サウンドに変更してみましょう。LINEの通知サウンドはデフォルトで設定されているサウンドを含めて、全14種類が用意されています。

1 「ホーム」から「設定」をタップ

メインメニューの「ホーム」から「設定」を選択してタップします。LINEの設定画面を表示します。

2 「設定」画面内から「通知」をタップする

表示された「設定」画面から「通知」を選んでタップ。「通知」の設定画面を表示します。

3 「通知サウンド」をタップする

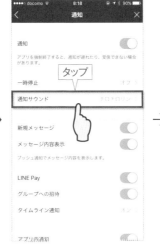

画面上部の「通知」がオンになっていることを確認して、「通知サウンド」の項目をタップしてサウンドを表示します。

4 通知サウンドをリストから選択する

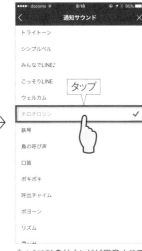

全14種類のサウンドが用意されています。タップするとサンプル音を聞くことが可能です。好きなサウンドに設定しましょう。

51

受信したLINEトークに返信する

LINEトークはテキストの他にもスタンプや写真などを受信できます。LINEで受信したトークは、このページで紹介する各種方法で素早く確認することが可能です。受信したトークをトークルームで確認すると送信相手に「既読」が付きます。また、メッセージを転送したり、写真を保存するなどできます。

LINEトークを受信した時の通知パターン

1 LINEアイコンに未読数バッチが付く

未読数が数字で表示

受信したトークの未読数がLINEアイコン右上に数字で表示されます。トークの受信を確認できると同時に未読数を把握することもできます。

→

2 「トーク履歴」に未読数バッチが付く

メインメニュー「トーク」アイコンと未読のトーク履歴にバッチが付く

メインメニュー「トーク」では、受信した未読トーク数を確認できます。メインメニューの「トーク」アイコンには未読総数が表示されます。

→

3 ホーム画面で通知を受け取る

LINEの通知設定によってはホーム画面で受信したトークを「通知」として確認できます。

→

4 ロック画面で通知を受け取る

LINEの通知設定によってはロック画面でも受信したトークを「通知」として確認できます。

「トーク履歴」の画面構成

iPhone／iPadのトーク履歴画面

❶編集
削除や非表示など、トークリストの編集を行うことが出来ます。Android版では並び替えもこのボタンから。

❷並べ替え
未読順、受信時間順など指定した内容でトーク履歴の並び順が変更されます。

❸トークルーム作成
「トーク」「グループ」「オープンチャット」を選択して新規でトークルームを作成します。

❹検索
キーワードを入力して、友だちやトーク内のメッセージを検索することができます。

❺未読数バッチ
トークルーム内に未読メッセージがある場合、未読数が表示されます。

Androidスマホ／タブレットのトーク履歴画面

受信したトークを確認する

1 LINEアイコンをタップする

LINEトークを受信すると未読数がLINEアイコン右上に数字で表示されるので、LINEアイコンをタップしてLINEを起動します。

2 バッチが付いた履歴をタップ

メインメニュー「トーク」をタップして、未読数バッチが付いているトーク履歴をタップします。

3 メッセージを確認する

受信したメッセージを確認します。あとは通常のLINEトークと同じようにメッセージを入力して返信します。

4 トーク履歴のバッチが消える

受信したトークを確認すると、「トーク」アイコンの未読数が減り、トーク履歴のバッチが消えます。

iPhone／iPadのバナー通知から返信する

1 バナー通知を下へスワイプ

ホーム画面の上部やロック画面に表示されたLINEのバナー通知を下へスワイプします。

2 操作メニューの「返信」をタップ

バナー通知の操作メニューが表示されるので、「返信」をタップします。

3 メッセージを入力して送信する

メッセージを入力して「送信」をタップすると返信メッセージの送信が完了します。

4 返信しないでトークを確認する

バナー通知をタップするとトークルームが直接開きます。

Androidスマホ／タブレットのポップアップ通知から返信する

1 ポップアップの「＞」をタップ

ホーム画面の上部やロック画面に表示されたLINEのポップアップ通知の「＞」をタップします。

2 返信メッセージを入力する

メッセージが入力できるようになるので、メッセージ入力欄に返信メッセージを入力します。

3 「＞」をタップして送信完了

返信メッセージの入力が終わったら、「＞」をタップするとメッセージは送信されます。

4 返信しないでトークを確認する

LINEのポップアップ通知の「表示」をタップすると受信したメッセージがあるトークルームが直接開きます。

LINEトークで受信した写真や動画を見る

　LINEトークで受信した写真や動画はすべてトークルームに表示されます。トークルーム内に表示されている写真や動画はトークルーム内で閲覧・視聴できます。ただし、LINEで受信した写真や動画には保存期間が存在します。約2週間の期限内にトーク上のサムネイルをタップして表示していないと削除されます。

受信した写真や動画をトークルームで見る

1 トークルームの写真をタップ

トークルームで写真や画像を見る時はトークルーム内に表示されている写真や画像をタップします。

→

2 画像ビューワで写真や画像を見る

トークルーム内に表示されている写真や画像は画像ビューワで閲覧します。

→

3 操作メニューを隠して見る

画面を1回タップすると操作メニューが隠れる

画面を1回タップすると、画像ビューワの操作メニューが隠れます。

→

4 トークルームに再び戻る

タップ

トークルームに戻る時は画像ビューワの「×」をタップします。

5 トークルームの動画をタップ

タップ

トークルームで動画を見る時はトークルーム内に表示されている動画をタップします。

→

6 動画プレイヤーで動画を見る

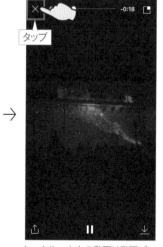

タップ

トークルーム内の動画は動画プレイヤーで視聴します。「×」をタップすると、トークルームに戻ります。

→

7 全画面表示で動画を見る

画面を1回タップすると、操作メニューが隠れます。端末を横に傾けると全画面表示になります。

受信した写真や動画を保存

　トークで受信した写真や動画が気に入ったなら、スマートフォンに保存しておきましょう。トーク画面のサムネイルをタップして写真を表示。画面右下の「↓」をタップすると保存が行われます。受信した写真が「オリジナル画質」の場合、内在している撮影データにより、その日時に保存された扱いとなります。

トークルーム内の写真を一覧表示する

　トークルーム右上の「メニュー」を開いて、「写真/動画」をタップするとトークルーム内にある画像をサムネイルで一覧表示してくれます。メニューの画面はiPhone/Androidで異なりますが、ともに「写真/動画」の項目は存在します。一覧表示された画像や動画は、選択して端末に保存することも可能です。

1 保存したい写真をタップ

受信した写真や動画をスマートフォンに保存したい場合は、トーク上のサムネイルをタップして全画面表示を行います。

2 画面右下にある「↓」をタップ

写真が全画面表示されたら、画面右下にある「↓」をタップ。スマートフォンに写真が保存されます。

1 メニューの「写真/動画」をタップ

トークルーム右上のアイコンをタップし、表示されたメニューから「写真/動画」をタップします。

2 トークルームの画像が一覧表示

トークルーム上の画像がサムネイルで一覧表示されます。画像をタップすると拡大表示することができます。

トークルームの写真や動画を友だちに転送する

　友だちから送られてきた写真や動画は、手軽に他の友だちに転送することが可能です。転送したいメッセージや写真をロングタップ（長押し）すると上部にメニューが表示。メニューから「転送」をタップすると「メッセージを転送」画面に切り替わるので画面下の「転送」をタップします。

　あとは転送先の友だちを選択して「送信」をタップするだけで転送が行われます。「メッセージを転送」画面では複数のメッセージや画像を選択することも可能です。また、複数の友だちを指定して同時に転送もできます。

1 写真や動画をロングタップ

転送したい写真をロングタップ（長押し）するとメニューが表示されます。メニューから「転送」を選んでタップします。

2 転送する写真や動画を選ぶ

写真や動画を選んでタップします。複数選択も可能です。すべてチェックしたら画面右下の「転送」タップします。

3 転送する友だちを選んでタップ

表示された友だちの一覧から転送先を指定してチェックを入れ、「送信」をタップすると転送完了です。

4 写真や動画を1つだけ送る場合

写真や動画を1つだけ転送する場合は、写真や動画の横のアイコンをタップします。あとは他の転送方法と一緒です。

複数の友だちとグループトークする

　LINEでは複数の友だちとトークする複数人トークもできますが、グループを作成してトークする「グループトーク」という機能もあります。複数人トークと似たような機能ですが、グループトークでは、複数人トークでは利用できない「グループ通話」といったグループメンバーで無料通話できる便利な機能を利用できます。

グループを作成して友だちを「グループトーク」に招待する

1 「グループ作成」をタップする

メインメニューの「ホーム」をタップします。ホーム画面が表示されたら「グループ」→「グループ作成」をタップします。

2 グループに招待する友だちにチェック

グループに招待したい友だちにチェックを付けます。選択が終わったら「次へ」をタップします。

3 グループアイコンをタップしてグループアイコンを設定する

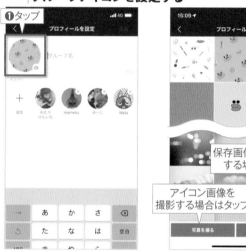

グループ作成画面のグループアイコンをタップして、アイコン一覧からグループアイコンを選んでタップします。「写真を撮る」をタップすると撮影画像、「アルバム」をタップすると保存画像からグループアイコンを設定できます。

4 グループトークのグループ名を入力

テキスト入力欄をタップして、グループトークのグループ名を入力します。

5 グループ作成画面の「+」をタップする

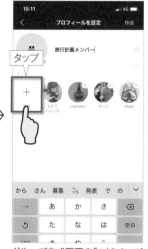

グループ作成画面の「+」をタップするとグループの友だちを追加することができます。

6 「作成」をタップしてグループを作成する

画面右上の「作成」をタップするとグループが作成されます。

7 グループが作成される

作成されたグループのトップが表示されます。「トーク」をタップしてグループトークを始めましょう。

グループトークで複数の友だちとトークしてみよう

　作成したグループに招待した友だちが参加したら、グループトークの開始です。グループトークのトークルームでは、メンバーの参加やプロフィール画像の変更などの行動がアナウンスされる以外は通常のトークと同様にメッセージやスタンプ、写真、動画の送受信が行えます。グループ参加メンバーは全員、グループに対しての管理権限を有しているので、メンバーなら新しい友だちの招待や強制退会を行うことができます。

1 グループトークを開始する

「ホーム」→「グループ」をタップしてリストの中からトークをしたいグループを選んでタップします。

2 メッセージを送信する

通常のトークと同様にメッセージやスタンプ、写真や動画の送受信を行います。

3 グループでの変更はトークに表示される

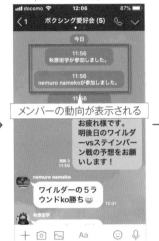

メンバーの参加や退会などのグループへの変更は、トークルーム内に半透明のメッセージで通知されます。

4 グループへの参加メンバーを確認

画面上部のトークルーム名をタップすると、現在グループに参加しているメンバーを確認できます。

グループのメンバーと「グループ通話」を行う

　グループトークでは、グループに参加している複数のメンバーで「グループ音声通話」を行うことができます。最大200人のメンバーと同時通話が可能です。トークルームで「グループ音声通話」を実行すると、メンバーには通知が届き、トークに「グループ音声通話」参加リンクが表示されます。この際、通常の無料通話のように呼び出し画面は現れず、呼び出し音も鳴りません。また、トークに表示される参加リンクのメッセージには既読マークが付きません。グループ通話参加後の基本的な操作は「無料通話」と同じです。

1 グループトークを開始する

「ホーム」→「グループ」をタップしてリストの中からトークをしたいグループを選んでタップします。

2 「電話」アイコンから「音声通話」を選択

トークルームの「電話」→「音声通話」を順番にタップします。トークルームに「グループ音声通話」のリンクが送信されます。

3 「グループ音声通話」のリンクから通話に参加

受信した側は表示されたメッセージの「参加」をタップすることで「グループ音声通話」に参加できます。

4 複数のメンバーと同時通話が可能

複数メンバーと同時通話が可能です。基本的な操作は「無料通話」と同じです。

57

グループに新しいメンバーを追加する

グループトークに新しいメンバーを追加したい場合は、友だちをグループに招待します。友だちの招待は、グループに参加しているメンバーなら誰でも行うことが可能です。トーク画面の右上から「設定メニュー」を開き、「招待」をタップして表示される画面からグループへの招待を行います。

1 「メンバー・招待」をタップする

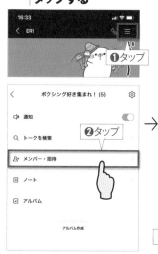

グループのトークルーム内から「設定メニュー」を開き、「メンバー・招待」→「友だちの招待」をタップします。

2 招待したい友だちにチェックを付ける

グループに招待したい友だちにチェックを付けます。選択が終わったら、画面右上の「招待」をタップします。

メンバーをグループから退会させる

グループトークでは自分がグループから退会するだけでなく、参加しているメンバーを強制的に退会させることも可能です。強制退会はグループに参加しているメンバーなら誰でも行うことができます。あまり推奨はできませんが、トラブル解決の手段のひとつとして覚えておきましょう。

1 「メンバー・招待」をタップする

グループのトークルームから「設定メニュー」を開き、「メンバー・招待」をタップすると参加しているメンバーが表示されます。

2 「編集」をタップする

画面右上の「編集」をタップします。退会させたいメンバーの左にある「−」をタップして「削除」で強制退会させることができます。

グループ名やプロフィール画像はいつでも編集できる

作成したグループの名前やアイコンとなるプロフィール画像は好きな時に変更できます。また、「グループトーク」では、参加しているメンバー全員がいわゆる「管理権限」をもち、グループの編集や各種変更を行うことが可能です。登録しているグループ数が増えても判別しやすいように、初期の段階でしっかり設定しておくことがおすすめです。参加している友だちが変更後も混乱しないような名称が望ましいでしょう。

1 トークルームを開き「設定」をタップする

グループのトークルーム内から「設定メニュー」を開き、「設定」アイコンをタップすることでグループの編集ができます。

2 プロフィール画像を変更する

アイコンとなっている画像をタップして、表示された「写真を撮る」「写真を撮影」を選んで画像を設定しましょう。

3 グループの名前を変更する

グループ名をタップして、新しい名前をテキスト入力欄に入力して「保存」をタップすると名称が変更されます。

4 トークやメンバーに影響なし

プロフィール画像やグループ名を変更しても、トークルーム内のトークや招待したメンバーに影響はありません。

複数人トークを「グループトーク」に切り替える

　複数人トークの途中から、参加している友だちとグループを作りたくなったら複数人トークからグループを作成してグループトークに切り替えてみましょう。グループトークでは、複数人トークで利用できない各種機能が用意されているので、情報の共有や連絡事項も簡単に行え、さらにトークの幅を拡げることができます。また、グループトークに切り替える際、複数人トークに参加していた友だちを自動的にメンバーとして引き継ぐことが可能です。ただし、その場合はこれまでのトーク内容は引き継げませんので注意が必要です。

1 「グループ作成」をタップする

複数人トークをしているトークルームの「設定メニュー」から「グループ作成」をタップします。

2 グループ名を20文字以内で入力

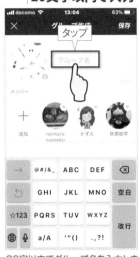

20字以内でグループ名を入力します。後で分からなくならないようにメンバーが判別できる名前にしましょう。

3 「保存」をタップする

追加で招待したいなら「+」をタップします。問題なければ「保存」をタップして、複数人トークをグループに切り替えましょう。

4 複数人トークからグループが作成

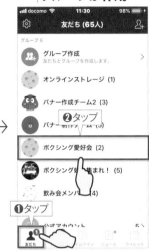

複数人トークがグループトークに切り替わり、「友だち」リストの「グループ」の項目にグループ名が追加されます。

「複数人トーク」と「グループトーク」の機能の違い

　「複数人トーク」と「グループトーク」では利用できる機能が異なっています。グループトークで利用できる機能として、写真をフォルダのようにまとめられる「アルバム」機能やメンバー全員が自由に使える連絡帳のような「ノート」機能が有名です。どちらも複数のメンバーでトークを行うグループトークで活躍する機能と言えます。また、分類としては「ノート」機能に含まれますが、トークメニューから利用できる「投票」はグループトークでしか利用できません。その他、「イベント」など、グループトークならではの機能があるので色々試してみましょう。

手軽に写真共有できる「アルバム」機能

写真をフォルダのようにまとめられる「アルバム」機能。作成されたアルバムには、メンバーが写真を追加できます。

さまざまな内容を収録できる「ノート」機能

部室の机に置かれた連絡帳のように利用できる「ノート」機能。連絡事項やメモ、写真や位置情報も記すことができます。

皆の意見を集める「投票」機能

「トークメニュー」から行える「投票」機能。用意した質問にチェックを付けることで意見を集約することができます。

グループトークの履歴はバックアップできる

グループトークでやり取りした内容をテキストファイルとしてバックアップ可能です。

トークルームの画面表示の文字サイズを変更する

　LINEの画面表示の文字が小さくて読みづらい、または、もう少し文字を小さくしたい場合は、画面表示の文字サイズを読みやすいサイズに変更しましょう。LINEの画面表示の文字サイズは、メインメニューの「その他」から「設定」を選び、「トーク」内の「フォントサイズ」から設定可能です。

1 「トーク」をタップする

メインメニューの「ホーム」から「設定」を開いたら、「トーク」をタップして表示します。

2 「フォントサイズ」をタップする

「トーク」設定の画面から「フォントサイズ」の項目をタップします。

3 読みやすいサイズの文字を選択する

iPhone／iPadは「iPhoneの設定に従う」をオフにして、文字サイズを選択します。Androidは4種類の文字サイズから選択します。

4 トークルームで文字サイズを確認

設定した文字サイズをトークルームで確認します。何度か確認して、自分が一番読みやすいサイズの文字を選択しましょう。

5 設定できるフォントサイズは「小」「普通」「大」「特大」の4種類

フォントサイズ「小」

フォントサイズ「普通」

フォントサイズ「大」

フォントサイズ「特大」

設定可能な文字サイズは「小」、「普通」、「大」、「特大」の4種類です。それぞれの文字サイズを設定して比較してみましょう。

受信したLINEトークの
トーク履歴を並び替える

　LINEのトーク履歴は初期状態では、メッセージを送受信した順に並んでいます。トーク履歴は「受信時間」「未読メッセージ」「お気に入り」のいずれかに設定することで並び替えができます。「未読メッセージ」に設定すると未読メッセージがトーク履歴の一番上に表示されるようになります。

1 「受信時間」に設定されている

トーク履歴の並び順は初期設定では「受信時間」に設定されています。送受信した順に上からトーク履歴が表示されます。

2 iPhone／iPadは「▼」をタップ Androidスマホ／タブレットは「…」をタップ

iPhone／iPadは「トーク」という表記の下の「▼」をタップします。Androidスマホ／タブレットは「…」→「トークを並べ替える」を順番にタップします。

3 並び替えのパターンを選ぶ

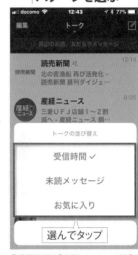

「受信時間」「未読メッセージ」「お気に入り」のいずれかパターンを選んでタップします。

4 並び替えを「未読メッセージ」に設定する

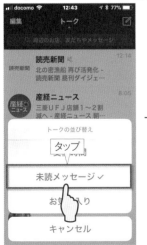

「未読メッセージ」をタップすると未読メッセージがトーク履歴の上部に並ぶようにトーク履歴の並び方が変更されます。

5 並び替えを「お気に入り」に設定する

「お気に入り」をタップすると友だちリストでお気に入り登録した友だちがトーク履歴の上部に並ぶようにトーク履歴の並び方が変更されます。

スタンプショップを利用する

　「公式」「クリエーター」をあわせて10万以上という膨大な数が存在するLINEスタンプを配信しているのが「スタンプショップ」です。たくさん種類があるスタンプだから自分らしいもの、見ていて楽しいものを使いたい。そんなときはスタンプショップでお気に入りのスタンプを探してみましょう。

「スタンプショップ」の画面構成

❶「スタンプ」設定
「スタンプショップ」の設定画面を開くことができます。設定画面は、LINEの「設定」からも開くことが可能です。

❷検索ボックス
検索欄にキーワードを入力することで、スタンプショップ内をスタンプを検索することが可能です。

❸ジャンルタブ
各タブをタップすることで「人気」「新着」「イベント」「カテゴリー」などに表示を切り替えることが可能です。

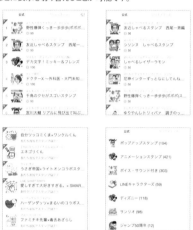

❹もっと見る
用意された各ジャンルの詳細ページが表示されます。このページは、ジャンルタブからも開くことができます。

「スタンプショップ」へアクセスする

1 「ウォレット」をタップする

スタンプショップを表示させるには、まずLINEのメインメニュー「ウォレット」をタップします。

→

2 「スタンプショップ」をタップする

「ウォレット」の一覧画面が表示されたら、「スタンプショップ」をタップします。

→

3 スタンプショップが表示される

スタンプショップが表示されます。使ってみたいスタンプを探してみましょう。

→

4 トーク画面から直接表示する

「顔」アイコンをタップして、スタンプ一覧の一番右の「＋」アイコンをタップするとスタンプショップが表示されます。

LINE専用通貨 LINEコインをチャージする

　「LINEコイン」のチャージは、LINEの「設定」から「コイン」を選び、「チャージ」をタップして行います。最小50コイン（120円）からチャージが行え、iPhoneではApp Store経由、AndroidではPlayストアで支払う仕様です。各アプリストアにアクセスして、あらかじめ支払い方法を登録しておきましょう。

iPhone／iPadはApp Store経由、AndroidはPlayストアでチャージする

1 「ホーム」→「設定」を順番にタップする

メインメニュー「ホーム」→「設定」を順番にタップして、LINEの設定画面を開きます。

2 LINEの設定画面の「コイン」をタップ

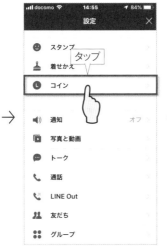

LINEの設定画面の「コイン」をタップして、「コイン」画面を開きます。

3 「チャージ」をタップする

「コイン」画面の右上にある「チャージ」をタップします。

4 チャージする金額をタップ

チャージする金額を選んでタップします。500コイン以上のチャージからボーナスが付属されます。

5 iPhone／iPadはApp Storeでチャージ

iPhone／iPadはApp Store経由でLINEコインのチャージ金額を支払います。

6 AndroidはPlayストア

Androidスマホ／タブレットはPlayストア経由でLINEコインのチャージ金額を支払います。

POINT　App StoreとPlayストアの支払いの設定方法の確認

　App StoreやPlayストアなどのアプリストアの支払い方法の設定や確認はスマートフォンから行えます。iPhone／iPadは「設定」アプリを起動して、設定画面の「ユーザー名」→「支払いと配送先」を順番にタップして、支払い方法を確認・設定します。AndroidはGoogle Playを起動して、「三（メニュー）」→「アカウント情報」→「お支払い方法」を順番にタップして、支払い方法を確認・設定します。

iPhone／iPadは「設定」アプリを起動して、「ユーザー名」→「支払いと配送先」→「支払い方法を追加」を順番にタップします。

AndroidはPlayストアを起動して、「三（メニュー）」→「アカウント情報」→「お支払い方法」を順番にタップします。

LINEトーク＆スタンプ

スタンプショップから無料スタンプを手に入れる

　LINEスタンプにお金をかけたくないけど、違うものも使いたいという人は企業がキャンペーンで配布している無料スタンプがオススメです。これは企業アカウントを友だち追加するなど一定の条件をクリアすれば利用可能になるもので、有効期限がありますが、常に数種類のスタンプがあるので小まめにチェックしてみましょう。

あらじめ準備された無料スタンプを手に入れる

1 「ホーム」をタップ LINE設定画面を開く

まずはダウンロードしてない無料スタンプを確認します。メインメニュー「ホーム」→「設定」順番にタップします。

2 「マイスタンプ」を タップする

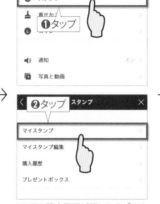

LINEの設定画面が開いたら、「スタンプ」→「マイスタンプ」の順番にタップしていきます。

3 「すべてダウンロード」 をタップする

マイスタンプのページが表示されます。一番下の「すべてダウンロード」をタップすれば、まだダウンロードしていない無料スタンプをダウンロードできます。

4 ダウンロードが はじまる

ダウンロードが始まります。少し待ってダウンロードが完了すれば無料スタンプが利用できるようになります。

スタンプショップの無料スタンプを手に入れる

1 スタンプショップの 「イベント」を開く

LINEのスタンプショップを開いて「イベント」タブをタップし、気になるスタンプを探しましょう。気になるスタンプがあったらタップします。

2 入手条件を チェックする

タップしたスタンプの詳細画面が表示されます。入手するための条件をチェックしましょう。

3 入手条件を 達成する

入手条件を達成します。今回は「友だち追加」が条件なのでアカウントを友だちに追加します。

4 スタンプを ダウンロードする

条件を満たすとダウンロードボタンが表示されます。スタンプをダウンロードしましょう。

スタンプショップで有料スタンプを購入する

　スタンプショップで欲しいスタンプを見つけたら購入してみましょう。有料スタンプの購入には「LINEコイン」という仮想通貨が必要になります。「LINEコイン」については、63ページで解説していますので、ここでは購入の手順を解説していきます。LINEコインがチャージ済みなら迷わず購入できます。

スタンプショップで有料スタンプを購入する

1 スタンプショップにアクセスする

❷タップ　❶タップ

LINEのメインメニューの「ウォレット」→「スタンプショップ」をタップして、スタンプショップを開きます。

2 スタンプショップでスタンプを探す

スタンプショップが表示されたら、検索ボックスやカテゴリーを利用しながら欲しいスタンプを探します。

3 欲しいスタンプをタップする

スタンプを選んでタップ

欲しいスタンプが見つかったらタップして購入手順に進みます。

4 スタンプを購入する

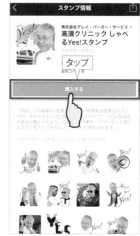

タップ

必要なコイン数やプレビューを確認してOKなら「購入する」をタップして購入しましょう。

LINEトーク&スタンプ

🔍 POINT

有料スタンプの購入にはLINEコインが必要!

　有料スタンプの購入にはLINE上で利用するLINEの仮想通貨「LINEコイン」が必要になります。LINEコインはiPhne／iPadはApple Store、Androidスマホ／タブレットはPlayストア経由で最小50コイン（120円）からチャージできます。P63で詳しく解説しているので、そちらを参考にLINEコインのチャージ方法を覚えましょう。

🔍 POINT　友だちが使っているスタンプを購入する

　トークやタイムラインで友だちが使っているスタンプが良いなと思ったら、トークやタイムラインから直接スタンプショップを開いて購入可能です。やり方は簡単。送られてきたスタンプをタップするだけ。あとはリンク先のスタンプショップで購入しましょう。

❶タップ

❷タップ

友だちから送られてきたスタンプをタップするとスタンプの詳細ページが開きます。購入したいときは購入手順を進めましょう。

ダウンロードした LINEスタンプを管理する

　魅力的なスタンプがたくさん用意されたLINEスタンプ。価格もお手ごろなので欲しいものを入手しているとついつい数が増えすぎてしまいます。しかし、スタンプの種類が増えてくるといざ使いたいときに探すのが大変です。使わないスタンプを削除したり、よく使うスタンプを並び替えたりしましょう。

使わないスタンプを削除する

1 「設定」をタップする

LINEのメインメニュー「ホーム」を開いて「設定」アイコンをタップします。

2 マイスタンプ編集画面を開く

設定画面の「スタンプ」→「マイスタンプ編集」を順番にタップします。

3 削除したいスタンプを選ぶ

マイスタンプ編集の画面が開きます。スタンプが一覧で表示されていますので、削除したいスタンプの左の「−」アイコンをタップします。

4 スタンプを削除する

スタンプの右側に表示された「削除」をタップします。削除とはいっても入手済のスタンプはいつでも再表示可能です。

削除したスタンプを復活させる

1 マイスタンプ編集画面を開く

メインメニュー「ホーム」→「設定」→「スタンプ」→「マイスタンプ編集」の順番にタップをし、マイスタンプ編集画面を開きます。

2 スタンプを再ダウンロード

マイスタンプの下部に削除したスタンプが並んでいます。右側のアイコンをタップすればスタンプが再ダウンロードされ復活します。

よく使うスタンプを並び替える

1 マイスタンプ編集画面を開く

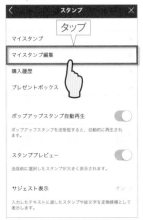

メインメニュー「ホーム」→「設定」→「スタンプ」→「マイスタンプ編集」の順番にタップをし、マイスタンプ編集画面を開きます。

2 スタンプを並び替える

スタンプの右側の「三」をタップして上下に並び変えます。

インターフェースデザインを変更する

　LINEには「着せかえ」機能と呼ばれるインターフェースデザインを変更できる機能が搭載されています。自分のお気に入りのデザインや見た目でLINEをすれば、これまで以上に、LINEを楽しむことが可能です。また、LINEトークを行うトークルームごとにデザインを変更することもできます。

「着せかえ」機能でインターフェースを変更する

1 「My着せかえ」をタップする

メインメニュー「ホーム」→「設定」→「着せかえ」→「My着せかえ」を順番にタップします。

→

2 コニーかブラウン好きな方をタップ

標準で用意された着せかえは「コニー」と「ブラウン」の2種類。好きな方をタップしてダウンロードしましょう。

→

3 確認メッセージの「適用」をタップ

ダウンロードが完了すると確認メッセージが表示されます。「適用」をタップして、インターフェースを変更しましょう。

→

4 LINEのデザインが劇的に変化する

ブラウンをモチーフとしたデザインにLINEのインターフェースが変化します。トークルームもブラウン仕様になります。

着せかえショップで着せかえを購入する

　LINEに標準で用意されている着せかえは「コニー」と「ブラウン」の2種類です。それ以外の着せかえは「着せかえショップ」で入手することができます。「着せかえショップ」では有料・無料問わず数多くの着せかえが配信されています。好みのデザインの着せかえがないか探してみましょう。有料の着せかえを購入したい場合は、仮想通貨であるLINEコインが必要になります。コインのチャージに関しては本書63ページで紹介しているので、該当ページを参照しながら行ってみましょう。

1 「着せかえショップ」にアクセスする

メインメニュー「ウォレット」→「着せかえショップ」を順番にタップすると着せかえショップが表示されます。

→

2 着せかえをタップして情報確認する

気に入った着せかえが見つかったらタップして「着せかえ情報」画面を表示して、詳細な情報をチェックしましょう。

→

3 有料の着せかえを購入する

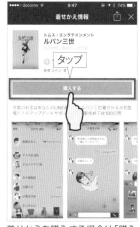

着せかえを購入する場合は「購入する」をタップします。購入には仮想通貨であるLINEコインが必要となります。

LINEトーク＆スタンプ

困ったを解決するLINEトーク&スタンプ のQ&A

Q. iPhoneで既読を回避する方法が知りたい!

A. 通知設定の変更やiPhone独自の機能で既読をスルーします

トークルームに届いたメッセージや画像を確認すると、送信者に内容を確認したことを知らせる「既読」が表示されます。便利な機能である反面、返信を強制されているかのような負担を感じる側面もあります。iPhone版LINEで既読を付けずにメッセージを確認するにはLINEとiPhoneの通知設定を変更する方法と「機内モード」や感圧タッチ「Peek」を活用する方法があります。ただし、どちらの方法も一時的な回避に過ぎないので、注意が必要です。

LINEと端末の通知設定を変更して既読回避する

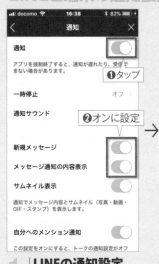

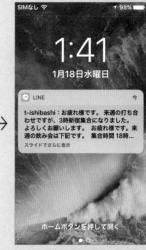

1 LINEの通知設定を変更する

メインメニュー「ホーム」→「設定」→「通知」を順番にタップします。「通知」「新規メッセージ」「メッセージ内容表示」をオンにします。

2 iPhoneの通知設定を変更する

iPhoneの「設定」→「通知」→「LINE」を順番にタップします。「通知を許可」「ロック画面に表示」「バナーとして表示」をオンに設定します。

3 バナーでトークを確認する

端末ロックがかかっていない状態でメッセージを受信するとバナーでメッセージ全文を見ることができます。

4 ロック画面でトークを見る

端末ロックがかかっている状態でメッセージを受信するとロック画面で4行程度メッセージを見ることができます。

機内モードで既読を一時的にスルーする

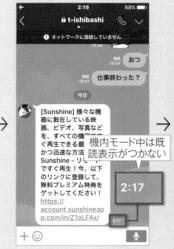
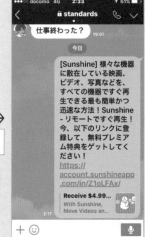

1 タッチID機種の機内モード

タッチIDの種種は、ホームボタンを2回押してアプリ選択からLINEを終了させます。画面を下から上にスワイプしてコントロールセンターの機内モードをオンにします。

2 iPhone X以降の機内モード

画面一番下のバーをスワイプしてアプリ選択からLINEを終了させます。画面を上から下にスワイプしてコントロールセンターの機内モードをオンにします。

3 機内モード中は既読がつかない

再びLINEを起動してメッセージが届いているトークルームを開きます。機内モード中は既読表示がつきません。

4 LINEと機内モードを終了

メッセージを読み終わったら、LINEを終了させて機内モードをオフにします。次にオンラインでLINEを起動するまで既読表示はつきません。

「3D Touch」や「触覚タッチ」で既読をスルーする

iPhone 6S～XSまでの3D Touch、iPhone 11以降の触覚タッチの機能を使っても既読を付けずにメッセージを読むことが出来ます。トークの一覧画面で内容を読みたいトークを強く押すだけでトーク画面のプレビュー画面がポップアップで開いて、メッセージの内容が見られます。プレビューは一画面分のみで過去のメッセージを遡って見ることは出来ませんが、1ページに収まる内容のメッセージであれば問題なく全文見れます。

1 3D Touchをオンにする

3D Touchの機種の場合は、「設定」→「一般」→「アクセシビリティ」を順番にタップして、「3D Touch」をオンにします。触覚タッチの機種ならばこの操作は不要です。

2 未読メッセージの部分を強く押す

メッセージを受信したら、トーク履歴を開いて未読メッセージを強く押します。トークルームを開くと既読になるので注意しましょう。

3 未読メッセージをプレビューで確認

未読メッセージのプレビューがポップアップで開くので内容を確認します。ポップアップを開いたまま上にスワイプすると操作メニューが開きます。

Q. Androidで既読を回避する方法が知りたい!

A. Androidは通知ポップアップで既読回避します

「既読」表示を回避するテクニックはiPhoneの場合、機内モードを利用して既読を回避しましたが、Androidでは通知設定を変更して既読を回避するのがオススメです。過去はポップアップでスタンプなどを含めたすべてのメッセージを確認することもできましたが、アップデートにより残念ながら現在は機能が縮小されていますが、それでもAndroidでは既読回避に利用できる貴重な機能となっています。

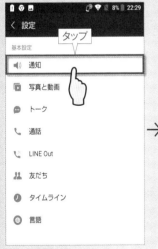

1 「ホーム」→「設定」をタップ

メインメニューの「ホーム」→「設定」アイコンをタップして設定画面を開きます。設定画面が開いたら「通知」をタップしましょう。

2 メッセージ通知を設定する

通知にチェックをいれ、メッセージ通知を「音声とポップアップで知らせる」に切り替えます。

3 ポップアップで通知される

これでポップアップでメッセージが通知されます。ただしAndroidの場合は、長文やスタンプは確認できません。

4 LINEの起動に注意

通知メッセージをタップしLINEを起動した瞬間に起動になるので注意しましょう。

困ったを解決するLINEトーク&スタンプ のQ&A

Q. 友だちに既読を付けさせるテクニックが知りたい！

A. LINEで確認しないと見えない要素を送信します

LINEユーザーにとって「既読スルー」に並ぶ悩みのタネが「未読スルー」です。公式アカウントや友だち登録が多いユーザーにメッセージを送った際に未読スルーが起こりがちですが、メッセージを『送る際にちょっとした工夫をすることでメッセージの既読率を上げることができます。例えば、通知内容に載らない画像やスタンプをメッセージのあとに送るスマホの通知機能を逆手に取る方法などがあります。未読スルーが気になるユーザーは試してみましょう。

1 メッセージのあとにスタンプを送信

スタンプを送信すると相手には「スタンプを送信しました」と通知されるので、メッセージを送ったすぐあとにスタンプを送信するとメッセージの内容はスタンプの通知に隠れることになります。メッセージよりスタンプは既読率が高いので、相手はスタンプに釣られてLINEを起動する可能性があります。

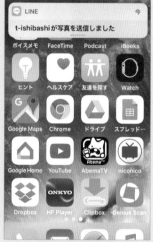

2 メッセージのあとに画像・動画を送信

画像・動画を送信するとスタンプと同じく相手には「画像（動画）を送信しました」と通知されるので、メッセージを送ったすぐあとに画像や動画を送るとメッセージは画像や動画の通知に隠れることになります。スタンプと同じく画像や動画も既読率が高めです。

3 メッセージのあとに不在着信を残す

LINE通話に限らず、端末に不在着信が残っていると気になるものです。こういった心理を利用してメッセージのあとに不在着信を残しておくことで、相手にLINEを起動させるテクニックです。不在着信も「不在着信がありました」のみ表示されるので、その前のメッセージは不在着信の通知に隠れます。

Q. 間違って送信したメッセージを取り消したい！

A. 24時間以内であれば送信の取り消しは可能です

LINEアプリのバージョン7.12.1以降で「送信取り消し」機能が追加されました。これは24時間以内であれば、トークしている人数・相手を問わず、送信したメッセージの取り消しができる機能です。メッセージのほかに取り消しできるのはスタンプ、画像、動画、ボイスメッセージ、連絡先、位置情報、ファイル、通話履歴、LINE MUSIC、URLです。メッセージを誤送信してしまったら焦らず送信を取り消しましょう。

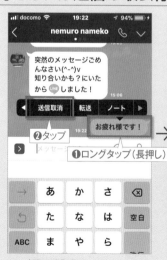

1 取り消すトークを長押し

送信を取り消したいトークを長押しして、操作メニューの「送信取消」をタップします。

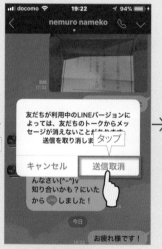

2 「送信取消」をタップする

選択したトークの送信取り消しに関する確認メッセージが表示されるので「送信取消」をタップします。

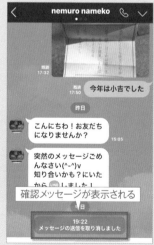

3 送信取り消しが完了する

トークルームに「メッセージの送信を取り消しました」と表示されたら、送信取り消しは完了です。

Q. よくやり取りする友だちのトークルームを直接開きたい！

A. ショートカット機能やウィジェットを利用します

Android版LINEはトークルームや通話のショートカット機能を利用することで、ホーム画面から直接トークルームにアクセスすることができます。しかし、トークルームのショートカット機能はAndroid端末限定のテクニックでiOS端末では利用できません。iOS端末ではウィジェットを利用して特定の相手のトークルームに直接アクセスします。ウィジェットをショートカット代わりにするという、LINEのお気に入り登録とiOS端末のウィジェット機能を組み合わせたテクニックです。

Androidはショートカット機能を利用する

  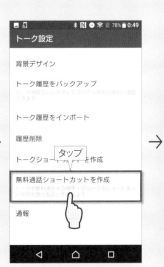 

1 「トーク設定」を タップする

トーク一覧からショートカットしたいトークルームを選んでタップします。「V」をタップしてサブメニューの「トーク設定」をタップします。

2 ショートカットを ホーム画面に作成

「トークショートカットを作成」をタップするとホーム画面にショートカットが作成されます。

3 通話のショート カットも作成可能

「無料通話ショートカットを作成」をタップすると通話のショートカットも作成できます。

4 ショートカットで トークルームを開く

ホーム画面に作成されたショートカットをタップするとトークルームが開きます。

iPhoneは通知センターにLINEのウィジェットを追加する

  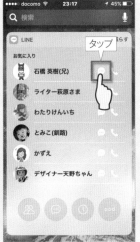 

1 お気に入りに 登録する

ウィジェットに追加する友だちを選んで、「☆」をタップしてお気に入りに登録します。

2 ウィジェットに LINEを追加する

画面を右にスワイプして通知センターの「編集」をタップします。ウィジェット一覧のLINEの「＋」→「完了」をタップしてウィジェットにLINEを追加します。

3 ウィジェットから トークルームを開く

追加されたウィジェットの「表示を増やす」をタップするとお気に入りの相手が表示されます。「トーク」アイコンをタップするとトークルームが開きます。

4 ウィジェットから 通話をかける

友だちの「通話」アイコンをタップするとウィジェットから友だちに直接発信できます。

LINEトーク＆スタンプ

71

困ったを解決するLINEトーク&スタンプ のQ&A

Q. トークルームの画像の期限切れを防ぎたい！

A.「アルバム」に画像を保存して有効期限切れを防ぎます

トークルームの画像には有効期限があります。受信した画像をトークルームに放置しておくと、いずれ有効期限が切れて画像をタップしても、閲覧したり保存したりできなくなってしまいます。そういった事態を避けるためには「アルバム」に大切な画像をまとめて保存して管理しましょう。アルバムに保存された画像は有効期限なしで半永久的に残すことができます。また、友だちとアルバムを共有して2人で管理していくことも可能です。

1 「アルバム」をタップする

写真を共有したいトークルームの右上のアイコン→「アルバム」→「アルバム作成」を順番にタップします。すでに作成したアルバムがある場合は右下のアイコンをタップします。

2 保存する画像にチェックを入れる

アルバムに保存する画像すべてにチェックを入れて「次へ」をタップします。

3 アルバム名をつけて「作成」

50文字以内でアルバム名を付けて「作成」をタップするとアルバムは完成です。トークルームのアルバム名をタップすればアルバムの閲覧が可能です。

Q. 入力中に間違えて消してしまった文章を復元したい！

A. iPhoneを強めに振れば文章を復元できます

LINEで長文入力時に操作を誤って消してしまった経験は誰でもあると思います。そのようなミスも、iPhoneを使用しているならリカバーすることができます。iOS9以上を搭載したiPhoneであれば、端末を振ることで直前の動作が取り消せる「シェイク」機能が搭載されています。直前に消去した一文に限り消去を取り消し、入力したテキストを復元することが可能です。

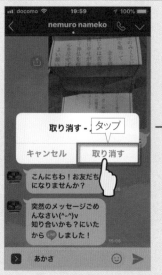
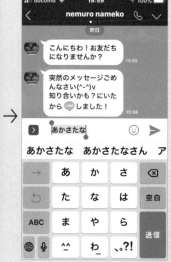

1 iPhoneを強く降る

iOS9以上のiPhoneユーザーは、メッセージ入力中に誤って消してしまったら、すぐにiPhoneを強く振ります。

2 「取り消す」をタップする

iPhoneにメッセージが表示されたら「取り消す」をタップします。

3 消してしまったテキストが復元される

直前に行った操作が取り消しされるため、消してしまったテキストが復活します。

PART 3

Q. 自分の現在地を友だちに送信したい!

A. 位置情報サービスと連携すると現在地を送信できます

LINEはスマートフォンのGPS機能を使って自分の現在地を地図上に記して送信することができます。自分の現在地をリアルタイムで友だちに知らせることができるため、友だちとの待ち合わせに大いに役立つ機能です。ただし、スマホのGPS機能と連動しているので、スマホの位置情報サービスがオフになっていると利用できません。位置情報サービスは事前に設定を確認して、オンにしておきましょう。

1 「+」をタップして「位置情報」をタップ
スマホの位置情報サービスがオンになっているか確認します。入力欄の横の「+」→「位置情報」をタップします。

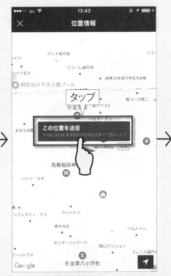

2 位置情報を送信する
自動的に地図アプリが起動して現在の位置情報が表示されるので送信します。

3 位置情報が送信される
トークルームに位置情報が表示されます。タップすると位置情報を地図で確認することができます。

Q. 写真や画像を高画質のまま送信したい!

A. スマホに保存された画像／写真はオリジナル画質で送信可能です

スマートフォンのカメラ機能は、今では高級デジカメと比較しても遜色ない高画質を誇ります。その反面、データ容量が大きくなったため、LINEでは送信する写真の画質・サイズを自動的に落とす初期設定となっています。撮影した写真をオリジナル画質で送信したい場合は、写真選択時に「オリジナル画質」にチェックを付ける必要があります。オリジナル画質での送信は通信容量も大きくなるので、Wi-Fiなどの通信環境を利用しましょう。

1 「写真」をタップして画像を選択
トークルームの入力欄の横の「写真」をタップします。送信したい画像を選択していきます。

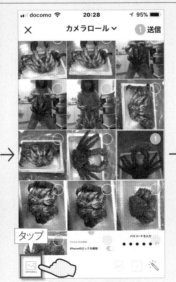

2 オリジナル画質にチェックする
送信する画像を選択した時に画面左下の「オリジナル画質」にチェックを入れます。

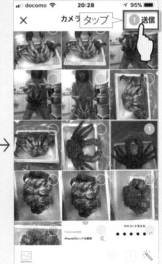

3 「送信」をタップして送信完了
「送信」をタップすると撮影したオリジナル画質のまま送信されます。

困ったを解決するLINEトーク&スタンプのQ&A

Q. 友だち以外からLINEトークが来て困っている!

A. 「プライバシー管理」の「メッセージ受信拒否」をオンにします

LINEはそのシステム上、どうしても友だち登録していない相手からもメッセージが届く可能性があります。見知らぬ相手や削除した公式アカウントなど、「友だち」に登録していない相手からのメッセージを受信したくない場合、「設定」の「プライバシー管理」から「メッセージ受信拒否」をオンに設定しましょう。設定を行うことで「友だちリスト」に登録されていない相手からのメッセージを拒否することができます。

1 「ホーム」から「設定」を開く

メインメニュー「ホーム」→「設定」→「プライバシー管理」を順番にタップします。

2 「メッセージ受信拒否」をオンに設定する

iPhoneは「メッセージ受信拒否」のスライドバーを右へスライドして友だち以外からのメッセージを受信を拒否するよう設定します。Androidは「メッセージ受信拒否」の項目にチェックを入れて友だち以外からのメッセージを受信を拒否するよう設定します。

Q. 迷惑トークを送ってくる友だちがいて困っている!

A. 迷惑トークを送ってくる友だちはすべて「ブロック」します

自分の意図しない相手に「友だち」登録された場合や相手ともうLINEでやり取りしたくないといった場合は、「ブロック」機能を利用しましょう。「ブロック」機能は、指定した相手からの連絡をシャットアウトする機能で、相手からのメッセージや着信通知、タイムラインなども一切入らなくなります。ブロックの設定・解除も任意に行うことが可能で、基本的に相手側にはブロックしているかどうかは分からない仕様となっています。

1 iOS端末で友だちを「ブロック」する

iOS端末はメインメニュー「ホーム」をタップしてブロックする友だちを右から左へスライド、「ブロック」をタップします。

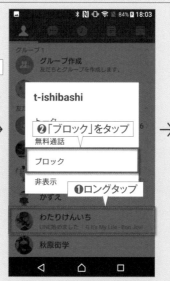

2 Android端末で友だちを「ブロック」する

Android端末はメインメニュー「ホーム」をタップしてブロックする友だちをロングタップ、「ブロック」をタップします。

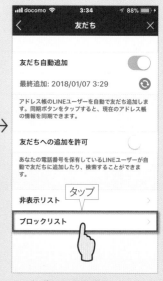

3 ブロックリストを表示する

メインメニューの「ホーム」→「設定」→「友だち」→「ブロックリスト」を順番にタップするとブロックリストが表示されます。

Q. 他人に見られたくないトーク履歴を隠したい！

A. 見られたくないトーク履歴は「非表示」にします

メインメニュー「トーク」にはトーク履歴の一覧（トークルーム）が並びますが、このトークルームは個別に非表示にすることができます。トークルームを非表示にしてもトークの内容は削除されません。再表示した際には以前からの続きからトークを再開することができます。非表示にしたトークルームの再表示は友だちのトップ画面から行います。トーク履歴を整理したい時に役立つテクニックです。

1 トーク履歴一覧の「編集」をタップ

メインメニュー「トーク」をタップして、iPhoneは「編集」、Androidは「…」→「トーク編集」を順番にタップします。

2 「非表示」をタップする

非表示にするトークルームすべてにチェックを入れて「非表示」をタップします。

3 トークルームを再表示させる

トークルームの再表示は、非表示にしたトークルームのトーク相手のプロフィールの「トーク」をタップします。

Q. 大事なメッセージをすぐに確認したい！

A. 大事なメッセージはトークルームにピン留めします

同じ友だちと何度もやりとりを続けていると、大事なメッセージを探すのが手間になってきます。大事なメッセージをすぐに確認できるよう「アナウンス」機能を利用してトーク画面の最上部に固定表示しましょう。また、トーク履歴上の並び替えパターンは受信時間・未読メッセージ・お気に入りの3パターンですが、「ピン留め」機能を利用すると特定のトーク履歴を履歴トップに固定表示することができます。

1 「アナウンス」をタップする

トークルームに固定したいメッセージを長押しして「アナウンス」をタップします。

2 トークルームの上部に固定される

トークルームの上部にメッセージが固定されます。「今後表示しない」をタップすると固定解除できます。

3 トーク履歴をピン留めする

iPhoneはトーク履歴を右へスワイプ、Androidはトーク履歴を長押しして「ピンをする」をタップするとピン留めされます。

有料のLINEスタンプは
友だちにプレゼントできる!?

LINEの大きな魅力でもあるスタンプ。お気に入りのスタンプはぜひ友だちにも使ってほしい。
そんな時は友だちにプレゼントすることが出来ます。プレゼント方法は簡単、スタンプショップ
から直接行うことが出来ます。

お気に入りのスタンプを友だちにプレゼント

1 スタップショップ にアクセスする

メインメニュー「ウォレット」→「スタンプショップ」を順番にタップしてスタップショップにアクセスします。

2 プレゼントする スタンプをタップ

スタンプショップでプレゼントするスタンプを探して、「プレゼントする」をタップします。

3 プレゼントする 友だちを選ぶ

プレゼントする友だちを選んで「次へ」をタップします。

4 テンプレートを 選んでタップ

プレゼントをした際にトークルームに表示されるテンプレートを選んでタップします。

5 プレゼントを 購入する

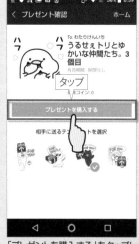

「プレゼントを購入する」をタップし、購入処理を進めればプレゼント完了です。

6 着せ替えも プレゼントできる

スタンプと同様の手順で着せ替えもプレゼントできます。記念日などのちょっとしたプレゼントに利用しましょう。

PART

4

通話&
タイムライン

友だちに無料で音声通話をかける

LINEに登録されている友だち同士であればスマートフォンのキャリアに関係なくいつでもどこでも無料で通話をすることが可能です。通話を受信すると画面には相手のアイコンと名前が表示され、すぐ下のアイコンをタップすれば応答、拒否ができます。また通話中にスピーカーへの切り替えもできます。

P
A
R
T
4

友だちリストから友だちを選んで音声通話をかける

1 音声通話をする友だちを選ぶ

❷友だちを選んでタップ

❶タップ

メインメニュー「ホーム」をタップして友だちリストから音声通話をする友だちを選んでタップします。

2 「無料通話」をタップする

nemuro nameko

Say,his majesty BANZAI!

タップ

トーク　無料通話　ビデオ通話

投稿　写真・動画

友だちのプロフィール画面の「無料通話」をタップすると無料通話が発信されます。

3 友だちが応答したら通話開始

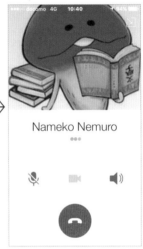

Nameko Nemuro

音声通話の発信中はこのような画面が表示されます。音声通話をかけた友だちが応答したら音声通話の開始です。

4 音声通話の発信を中止

Nameko Nemuro

タップ

発信画面の「終了」アイコンをタップすると音声通話の発信を中止できます。

5 音声通話を終了する

0:11

Nameko Nemuro

0:11

タップ

通話中は通話画面に通話時間が表示されます。通話を終了する時は「終了」アイコンをタップします。

6 発信履歴はトークルームに表示される

Nameko Nemuro

ありがとー😆👍♪♪

通話履歴には通話時間が表示

0:04

発信中止は「キャンセル」と表示

キャンセル

メッセージを入力

トークルームに反映された通話履歴には通話時間が表示されます。発信中止した履歴は「キャンセル」と表示されます。

P OINT

タップ

Nameko Nemuro

タップ

Namek Nemuro

ありがとー👍♪♪

音声通話を発信中にトークルームに戻る

音声通話を友だちに発信中にトークルームに戻る場合は、発信画面の「↓」をタップするとトークルームに戻ることができます。発信中にトークルームに戻っても音声通話の発信はキャンセルされないので、友だちに通話を発信しつつ、メッセージなどを通常通りに送信することができます。

音声発信中に発信画面の「↓」をタップするとトークルームに戻ります。発信画面に戻る場合は「通話画面に戻る」をタップします。

音声通話中の画面構成

Yamada Taro
0:13

❶トークルーム表示
通話中にトークルームが表示されます。

❷消音
端末のマイクが一時的にオフになります。

❸ビデオ通話
音声通話からビデオ通話に切り替わります。

❹スピーカー
通話している相手の音声をスピーカーで聞けます。

❺終了
通話を終了します。

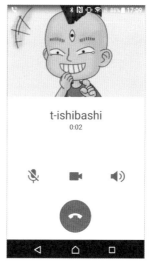

t-ishibashi
0:02

音声通話中の画面構成はiPhoneもAndroidも違いはなく、まったく同じ画面構成になります。

トークルームから音声通話を発信する

1 トークルームを選んで開く

❶タップ
❷タップ

メインメニュー「トーク」をタップして、音声通話を発信するトークルームを開きます。

2 「電話」アイコンをタップする

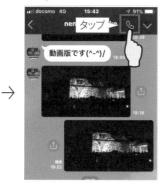

タップ

トークルームが開いたら、トークルームの画面上部にある「電話」アイコンをタップします。

3 「無料通話」をタップする

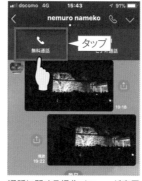

無料通話　タップ

通話に関する操作メニューが表示されるので、「無料通話」を選んでタップすると音声通話が発信されます。

4 音声通話を開始する

nemuro nameko

タップ

友だちが通話に応答したら音声通話の開始です。通話を終了する時は「終了」アイコンをタップします。

5 一度かけた友だちにリダイヤルする

❶タップ

bashimameko
❷タップ
無料通話　ビデオ通話
投稿　写真・動画

トークルームに反映された音声通話の通話履歴をタップすると友だちのプロフィール画面が表示され、「無料通話」をタップするとリダイヤルできます。

POINT

友だちが応答しなかった場合

友だちが音声通話に応答しなかった場合や友だちが音声通話を応答拒否した場合、トークルームの通話履歴は「応答なし」と表記されます。他の通話履歴と同じく、「応答なし」の履歴をタップすると友だちにリダイヤルすることができます。

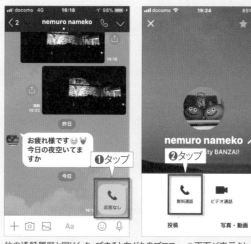

❶タップ
❷タップ
無料通話　ビデオ通話
投稿　写真・動画

他の通話履歴と同じく、タップすると友だちのプロフィール画面が表示され、「無料通話」をタップするとリダイヤルできます。

友だちからかかってきた音声通話に応答する

　スマートフォンの通話着信と同じように、LINEも友だちから通話の着信があると着信音が鳴ります。友だちから着信があったら応答すると、友だちと音声通話が開始されます。スマートフォンの通話と同じように、応答を拒否することもできますし、ビデオ通話に切り替えたり、ハンズフリーで通話できます。

友だちからかかってきた音声通話に応答する

1 かかってきた着信に応答する

→

友だちから音声通話がかかってきた場合は「応答」アイコンをタップして応答します。通話を終了する時は「終了」アイコンをタップします。

2 かかってきた着信を拒否する

友だちからの音声通話に応答できない場合は「拒否」アイコンをタップして応答を拒否します。トークルームの通話履歴には「キャンセル」と表記されます。

音声通話の着信画面

❶トークルーム表示
　タップするとトークルームが表示されます。

❷応答
　タップするとかかってきた音声電話に応答します。

❸拒否
　タップするとかかってきた音声電話を拒否できます。

不在着信に折り返して音声通話を発信する

iPhoneは不在着信の通知をスワイプする

iPhoneは不在着信があるとロック画面もしくはホーム画面に通知が表示されます。不在着信の通知をスワイプするとトークルームが表示されるので、トークルームに表示されている「不在着信」をタップします。

Androidは通知センターから直接発信する

Androidは不在着信があると通知センターに不在着信の通知が表示されます。通知センターを表示して「発信」をタップすると音声通話が発信されます。

通話中にできる様々な操作

LINEの音声通話機能は通話中も画面に表示された各アイコンをタップすることで、様々な操作を行うことができます。

1 | ホームボタンをタップして 音声通話中にLINE以外のアプリを起動する

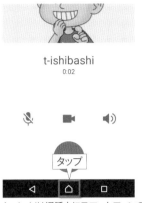

iPhone X以前の機種は通話中に本体のホームボタンを押すとホーム画面に戻るので、ホーム画面から他のアプリを起動します。iPhone X以降の機種はバーを上にスワイプして他のアプリを起動します。

Androidは通話中にスマートフォンの「ホーム」キーをタップするとホーム画面に戻るので、ホーム画面もしくはホーム画面からアプリ管理画面を開いてから他のアプリを起動します。

2 | 音声通話中に通話相手の トークルームを表示する

音声通話中にトークルームに表示する場合は通話画面の「↓」をタップすると音声通話しながらトークルームが開きます。通常通りメッセージや画像も送信できます。通話画面に戻る時は「通話画面に戻る」をタップします。

3 | 「スピーカー」キーをタップして ハンズフリーで音声通話をする

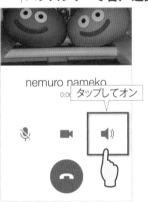

通話中に「スピーカー」キーをタップすると通話相手の音声をスピーカーで聴けるようになるので、ハンズフリーで音声通話ができます。もう一度「スピーカー」キーをタップするとスピーカーはオフになります。

4 | 「消音」キーをタップして 自分の音声を消音にする

通話中に「消音」キーをタップすると端末のマイクが一時的にオフになり、自分の音声が消音になります。もう一度タップするとマイクがオンになります。

5 | 「ビデオ通話」キーをタップして 音声通話からビデオ通話に切り替える

音声通話中に「ビデオ通話」キーをタップすると音声通話からビデオ通話に切り替わります。

LINEの友だち同士で手軽にビデオ通話しよう

友だちと無料で
ビデオ通話する

　LINEには手軽に利用できる「ビデオ通話」機能が備わっています。音声のみの「無料通話」と同様、電話をかけるように相手を呼び出し、スマートフォンに搭載されたカメラを使って双方向のビデオ通話を行うことが可能です。「ビデオ通話」の利用は無料のため通話料はかかりませんが、パケット通信料は発生します。

友だちにビデオ通話をかける

1 ビデオ通話する 友だちを選ぶ

❷友だちを選んで タップ

❶タップ

メインメニュー「ホーム」をタップして友だちリストからビデオ通話をする友だちを選んでタップします。

→

2 「ビデオ通話」を タップする

タップ

友だちのプロフィール画面の「ビデオ通話」をタップするとビデオ通話が発信されます。

→

3 友だちが応答 したら通話開始

ビデオ通話の発信中はこのような画面が表示されます。ビデオ通話をかけた友だちが応答したらビデオ通話の開始です。

→

4 ビデオ通話の 発信を中止

タップ

発信画面の「終了」アイコンをタップするとビデオ通話の発信を中止できます。

1 ビデオ通話を 終了する

タップ

ビデオ通話中は通話画面に通話相手の映像が表示されます。通話を終了する時は「終了」アイコンをタップします。

→

2 発信履歴はトーク ルームに表示される

通話履歴には通話 時間が表示

発信中止は 「キャンセル」と表示

トークルームに反映された通話履歴には通話時間が表示されます。発信中止した履歴は「キャンセル」と表示されます。

P OINT

❶タップ

ビデオ通話を 発信中に トークルームに戻る

❷タップ

　ビデオ通話を友だちに発信中にトークルームに戻る場合は、発信画面の「↓」をタップするとトークルームに戻ることができます。発信中にトークルームに戻ってもビデオ通話の発信はキャンセルされないので、友だちにビデオ通話を発信しつつ、メッセージなどを通常通りに送信することができます。

ビデオ通話発信中に発信画面の「↓」をタップするとトークルームに戻ります。発信画面に戻る場合はビデオ通話画面をタップします。

ビデオ通話中の画面構成

❶サブ画面
インカメラによる自分の映像が表示されます。

❷色調調整
メインカメラの映像の色調を調整できます。

❸カメラ切り替え
インカメラとメインカメラを切り替えます。

❹トークルーム切り替え
ビデオ通話中にトークルーム切り替わります。

❺エフェクト

映像にエフェクトを
かけます。

❻Face Play
ビデオ通話機能を利用したゲームを楽しめます。

❼通話終了
ビデオ通話を終了します。

❽カメラオフ
一時的にインカメラがオフになります。

❾マイクオフ
通話音声が一時的にオフになります。

トークルームからビデオ通話を発信する

1 トークルームを選んで開く

メインメニュー「トーク」をタップして、ビデオ通話を発信するトークルームを開きます。

→

2 「電話」アイコンをタップする

トークルームが開いたら、トークルームの画面上部にある「電話」アイコンをタップします。

→

3 「ビデオ通話」をタップする

通話に関する操作メニューが表示されるので、「ビデオ通話」を選んでタップするとビデオ通話が発信されます。

→

4 ビデオ通話を開始する

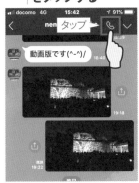

友だちがビデオ通話に応答したらビデオ通話の開始です。ビデオ通話を終了する時は「終了」アイコンをタップします。

5 ビデオ通話でリダイヤルする

トークルームに反映されたビデオ通話の通話履歴をタップすると友だちのプロフィール画面が表示され、「ビデオ通話」をタップするとビデオ通話でリダイヤルできます。

POINT

友だちが応答しなかった場合

友だちがビデオ通話に応答しなかった場合や友だちがビデオ通話を応答拒否した場合、トークルームの通話履歴は「応答なし」と表記されます。他の通話履歴と同じく、「応答なし」の履歴をタップすると友だちにリダイヤルすることができます。

他の通話履歴と同じく、タップすると友だちのプロフィール画面が表示され、「ビデオ通話」をタップするとビデオ通話でリダイヤルできます。

友だちからかかってきたビデオ通話に応答する

「ビデオ通話」は相手の顔を見ながら会話が楽しめる機能ですが、基本的な応答方法は通常のスマートフォンなどの電話と変わりません。友だちからビデオ通話がかかってくるとコール音が鳴り、呼び出し画面が表示されます。ビデオ通話に応答する場合は、緑色の「応答」ボタンをタップします。

友だちからのビデオ通話に応答する

1 ビデオ通話に応答／拒否する

応答する場合はタップ　応答しない場合はタップ

友だちからビデオ通話がかかってきた場合は「応答」アイコンをタップします。応答しない場合は「拒否」アイコンをタップします。

2 自分のカメラをオフにして応答する

bashimameko

タップ

友だちからビデオ通話がかかってきた場合に「カメラをオフにして応答」をタップすると自分のカメラをオフにして応答できます。

nemuro nameko

① ② ③

④ ⑤

カメラを⑥にして応答

ビデオ通話の着信画面

❶色調調整
メインカメラの映像の色調を調整できます。

❷カメラ切り替え
インカメラとメインカメラを切り替えます。

❸トークルーム表示
タップするとトークルームが表示されます。

❹拒否
タップするとかかってきた音声電話を拒否できます。

❺応答
タップするとかかってきた音声電話に応答します。

❻カメラオフ
自分のカメラをオフにして応答できます。

POINT

ビデオ通話の不在着信

ビデオ通話の不在着信は音声通話の不在着信とトークルーム上の表記は同じです。iPhoneは不在着信があるとロック画面もしくはホーム画面に通知が表示されます。Androidは不在着信があると通知センターに不在着信の通知が表示されます。ビデオ通話で折り返す時はトークルームに表示されている「不在着信」をタップしてビデオ通話で発信します。

iPhoneは不在着信の通知をスワイプする

iPhoneは不在着信があるとロック画面もしくはホーム画面に通知が表示されます。不在着信の通知をスワイプするとトークルームが表示されるので、トークルームに表示されている「不在着信」をタップします。

Androidは通知センターから直接発信する

❶下にスワイプ

❷タップ

Androidは通知センターに不在着信の通知が表示されます。通知センターを表示して「不在着信」をタップ、トークルームの不在着信通知をタップしてビデオ通話で発信します。

PART 4

ビデオ通話中にできる様々な操作

　LINEのビデオ通話機能はビデオ通話中も画面に表示された各アイコンをタップすることで、様々な操作を行うことができます。例えば、ビデオ通話の画質を調整したり、通話中に音声やインカメラをオフにしたり、ビデオ通話にエフェクトをかけたり、画面表示を二分割で表示したりできます。本誌を参考に通話中の操作を覚えておきましょう。

1 メニューを非表示にする

ビデオ通話中に画面をタップするとメニューが非表示になります。再表示する場合は画面右上のLINEマークをタップします。

2 画面表示を二分割で表示

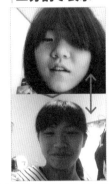

ビデオ通話中に画面を上下どちらかにスワイプすると画面表示を上下に二分割で表示することができます。

3 通話中にカメラをオフ

通話中に「カメラ」キーをタップすると端末のインカメラが一時的にオフになります。もう一度タップするとインカメラがオンになります。

4 通話中にマイクをオフにする

通話中に「消音」キーをタップすると端末のマイクが一時的にオフになり、音声が消音になります。もう一度タップするとマイクがオンになります。

5 ビデオ通話の画質を調整する

ビデオ通話中に「色調調整」キーをタップするとビデオ通話の画質を調整することができます。

6 ビデオ通話にエフェクトをかける

ビデオ通話中に「エフェクト」キーをタップすると、画面上に映像にかけられるエフェクトの一覧が表示されるので、かけたいエフェクトを選んでタップします。ビデオ通話相手の画面上にエフェクトが反映されて映し出されます。

POINT

ビデオ通話が楽しくなるエフェクト機能

　ビデオ通話で利用できるエフェクト機能は近年のアップデートにより、実に様々なエフェクト効果をかけられるようになりました。いろいろなエフェクトをかけてビデオ通話をさらに楽しみましょう。

「ホーム」と「タイムライン」の表示方法をチェック

タイムラインと
ホームを表示する

　自分の今の気分をSNS感覚で気軽に投稿できる「ホーム」と自分と友だちのホームの更新情報や広告が時系列で表示されている「タイムライン」。特定の友だちとコミュニケーションをとることを目的とした「トーク」や「通話」とは異なり、友だち全体に自分の近況を公開したりできます。

自分の「プロフィール」画面を表示する

1 メインメニュー「ホーム」をタップして プロフィールをタップする

メインメニューの「ホーム」をタップして、友だちリストの自分のプロフィールをタップすると自分の「プロフィール」画面が表示されます。

2 タイムラインへ 投稿する

プロフィール画面の「投稿」をタップして、更に投稿アイコンをタップすることでタイムラインへの投稿ができます。

3 タイムラインから プロフィールを開く

タイムラインに自分の投稿があれば、自分の投稿の名前をタップするだけでプロフィール画面を開くことができます。

「プロフィール」の画面構成

❶自分のBGM
　設定したBGMの曲名が表示されます。

❷プロフィール画像
　プロフィールで設定した自分のプロフィール画像や名前が表示されます。

❸ストーリー
　ストーリーを投稿するためのアイコンです。

❹プロフィール設定
　自分のプロフィールを設定するためのアイコンです。

❺Keep
　「Keep」に保存されている画像や動画の一覧が表示されます。

❻投稿
　タイムラインに投稿した自分の投稿が一覧で表示されます。

❼写真・動画
　タイムラインへの投稿した写真・動画の一覧が表示されます。

プロフィール設定の画面では、表示される各項目をはじめ詳細なプロフィールを設定していくことが出来ます

「タイムライン」を表示する

1 「タイムライン」をタップする

タップ

タイムラインを表示したいときは、メインメニューの「タイムライン」をタップししましょう。

2 「タイムライン」を表示する

これでタイムラインが表示されます。表示は時系列で新しいものが上に表示されています。

3 「タイムライン」を更新する

下にスワイプ

タイムラインの画面を下にスワイプするれば、タイムラインを更新することができます。

4 「タイムライン」へ投稿する

タップ

タイムラインに投稿する時は「投稿」アイコンをタップします。

「タイムライン」の画面構成

●Androidのタイムライン

❶新着
友だちのタイムラインの更新情報を新着順に一覧表示します。

❷ホーム
自分のホーム画面を表示します。Android版のみの機能です。

❸ストーリー
友だちが投稿したストーリーが表示されます。自分で投稿する際もここから行います。

❹タイムライン
友だちと自分のタイムラインが時系列で表示されます。

❺投稿メニュー
タイムラインへの投稿の操作メニューが表示されます。

●iPhoneのタイムライン

iPhoneのタイムラインの画面構成はAndroidと比較するとシンプルなものになっています。

---

②OINT ｜ 意外とわからない？タイムラインの削除方法

タイムラインへの投稿方法は次頁以降で説明していきますが、意外と分からないのが投稿の削除方法。削除はタイムライン上の投稿の右上のメニューから行います。メニューをタップして「投稿を削除」をタップしましょう。同様の手順で「投稿を編集」をタップすれば投稿を修正できます。ただし、一度削除をしてしまうと投稿についた友だちのコメントやいいねも削除され復元はできませんので注意しましょう。

タップ

タップ

投稿を削除

タイムラインの削除は一度削除をしてしまうと投稿についた友だちのコメントやいいねも削除され復元はできませんので注意が必要です。

タイムラインに自分の近況を投稿する

　タイムラインにはテキストをはじめ、写真や動画、位置情報、スタンプ、URLリンク、LINE MUSICの楽曲など様々な情報を投稿することができます。そのままの状態で投稿をすれば、友だち全体に投稿されますが投稿の際に公開範囲を指定し、特定の友だちに公開したり、非公開にして利用することも可能です。

1 タイムラインで「投稿」をタップ

メインメニュー「タイムライン」をタップしてタイムラインを表示します。「投稿」アイコンをタップして「投稿」をタップします。

2 投稿したい内容を入力する

タイムラインの投稿画面の入力欄に投稿したい内容を入力します。

3 投稿の公開範囲を指定する

公開範囲の「▼」タップして、公開する範囲を設定します。友だちリストを作って公開することもできます。

4 画像や動画を投稿する場合

「画像」アイコンをタップして、端末に保存された写真や動画を選びます。

5 写真をその場で撮影する場合

「カメラ」アイコンをタップするとカメラが起動するので写真を撮影します。

6 LINEスタンプを投稿する場合

「スタンプ」アイコンをタップして、投稿するスタンプを選んでタップします。

7 「投稿」をタップして投稿を完了

投稿する内容をすべて決めたら、「投稿」をタップして投稿を完了させます。

8 投稿画面のサブメニュー

投稿画面の「…」をタップするとサブメニューが表示されます。位置情報の添付やタイマー投稿はサブメニューから行います。

タイムラインで友だちとコミュニケーションする!

友だちのタイムラインの投稿にコメントする

　タイムラインに表示された友だちの投稿には、FacebookなどのほかのSNS同様に、コメントをしたり「いいね」をつけたりすることが出来ます。コメントは、テキストはもちろん動画や写真、スタンプを利用して投稿することも出来るので仲の良い友だちとは積極的にコミュニケーションをとってみましょう。

友だちの投稿にコメントをつける

1 「コメント」をタップする

友だちの投稿にコメントをするときは、コメントをしたい投稿のコメントアイコンをタップしましょう。

2 コメントを入力する

コメントの入力画面が開きます。テキストを入力して「送信」をタップしましょう。

3 スタンプでコメントする

通常の入力と同じようにスタンプアイコンをタップすればコメントにスタンプを送ることができます。

4 画像を入れてコメントする

画像アイコンをタップすればコメントに画像を挿入することができます。文字だけでは味気ないときには画像もいれましょう。

友だちの投稿に「いいね」をつける

1 「いいね」をタップする

友だちの投稿に「いいね」をつけます。「いいね」をつけたい投稿の「いいね」アイコンをタップしましょう。

2 ミニスタンプを選ぶ

ミニスタンプが表示されます。その時にリアクションにあったスタンプをタップしましょう。これで完了です。

POINT

「いいね」は削除できない

　友だちのタイムラインに誤ってコメントやスタンプをつけてしまった場合、iPhoneではコメント部分を左へフリック、Androidでは長押しして削除することができます。一方、いいねは削除することができません。ただし「いいね」をもう一度タップして、別のスタンプを選択することで種類を変更することができます。

「いいね」は削除することは出来ませんが、違う種類のミニスタンプに変更することは可能です。もう一度「いいね」をタップしましょう。

通話&タイムライン

Q. 友だちとのトークの途中で音声通話に切り替えたい!

A.トークルームから直接友だちへ発信できます

LINEで友だちとトークのやり取りが長くなってしまって音声通話に切り替えたくなったユーザーは多いと思います。LINEの音声通話はトークルームから直接トーク相手の友だちへ発信することができます。また、音声通話中もトークを続けることもできるため、例えば、音声通話で話したスタンプを通話中に送ったり、会話に合わせてスタンプを送ったりすることも可能です。音声通話とトークを併用することで友だちとより楽しいコミュニケーションがとれるようになります。

1 「通話」アイコンをタップする

友だちとのトークの最中に通話に切り替えたくなったら、トークルーム上部にある「通話」アイコンをタップします。

2 「ビデオ通話」か「無料通話」を選ぶ

音声のみの「無料通話」か「ビデオ通話」のどちらかをタップすると相手を呼び出すので少し待ちます。トーク相手が応答したら通話開始です。

3 トークルームに戻る

通話中に右上のアイコンをタップするとトークルームに戻ることができます。

Q. ビデオ通話できない状況でビデオ通話がかかってきた!

A.ビデオ通話に音声通話で応答します

ビデオ通話はかかってくる時と場所によっては困りものになってしまいます。そんな時は音声通話でビデオ通話に応答しましょう。ビデオ通話に音声通話で応答すると自分は音声通話、相手はビデオ通話の状態で通話できるようになります。また、途中でビデオ通話に切り替えることもできます。ただし、このテクニックを利用するにはLINEの通話設定を変更する必要があります。事前に「iPhoneの基本通話と統合」をオフにしておきましょう。

1 LINEの通話設定を変更する

メインメニュー「ホーム」→「設定」→「通話」を順番にタップして、「iPhoneの基本通話と統合」をオフにします。

2 音声通話で応答する

ビデオ通話がかかってきたら、「カメラをオフにして応答」をタップします。

3 カメラがオフの状態で通話

ビデオ通話に音声通話で応答すると通話相手の映像のみ画面に表示されます。自分は音声通話、相手はビデオ通話の状態で通話します。

Q. iPhoneの連絡先からLINE通話をかけたい!

A. iPhoneの基本通話とLINEの通話機能を統合する

LINEにはiPhoneの通話機能とLINEの通話機能を統合する設定があります。iPhoneとLINEの通話機能を統合すると、iPhoneの連絡先に登録しているLINEの友だちとiPhoneの連絡先からLINEで通話できます。また、iPhoneのロック画面やホーム画面でLINEの通話を受けることができるようになります。

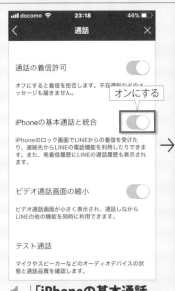

1 「iPhoneの基本通話に統合」をオン

メインメニュー「ホーム」→「設定」→「通話」を順番にタップします。「iPhoneの基本通話に統合」をオンにします。

2 iPhoneのロック画面でLINE通話を受ける

LINE通話がかかってきた場合、iPhoneのロック画面やホーム画面でLINEの通話を受けることができます。

3 iPhoneの連絡先からLINE通話をかける

iPhoneの連絡先に登録しているLINEの友だちにiPhoneの連絡先からLINEで通話できます。

Q. ビデオ通話中のサブ画面が邪魔くさい!

A. 邪魔にならないようにサブ画面を動かしてみよう

ビデオ通話中に自分が映っている内側カメラのサブ画面は通話相手の場所や角度によってまれに邪魔になったりします。そんなときは内側カメラの配置を指でスライドして動かしましょう。内側カメラは画面の四隅に配置することができるほか、メインウィンドウと画面表示を切り替えたり、画面表示を上下二分割で表示したりすることができます。また、スマホの内部カメラと外部カメラを切り替えることも可能です。

1 内側カメラの位置を動かす

内側カメラのウィンドウを指でスライドすると位置を動かすことができます。配置できる場所は画面の四隅です。

2 ウィンドウを切り替える

内側カメラのウィンドウをタップするとメインウィンドウと内側カメラのウィンドウが切り替わります。

3 画面表示を二分割で表示

ビデオ通話中に画面を上下どちらかにスワイプすると画面表示を上下に二分割で表示することができます。

通話&タイムライン

91

困ったを解決する 通話&タイムライン のQ&A

Q. グループトークからグループ通話に切り替えられる?

A. グループトークからグループ通話への切り替えもできます

グループトークでは、グループに参加している複数のメンバーで「グループ音声通話」を行うことができます。最大200人のメンバーと同時通話が可能です。トークルームで「グループ音声通話」を実行すると、メンバーには通知が届き、トークに「グループ音声通話」参加リンクが表示されます。この際、通常の無料通話のように呼び出し画面は現れず、呼び出し音も鳴りません。

1 「電話」アイコンから「音声通話」を選択

トークルームの「電話」→「音声通話」を順番にタップします。トークルームに「グループ音声通話」のリンクが送信されます。

2 「グループ音声通話」のリンクから通話に参加

受信した側は表示されたメッセージの「参加」をタップすることで「グループ音声通話」に参加できます。

3 複数のメンバーと同時通話が可能

複数メンバーと同時通話が可能です。基本的な操作は「無料通話」と同じです。

Q. LINEの通話機能を一切使いたくない場合はどうする?

A. LINE通話の着信許可をオフに設定します

LINEの通話機能を一切使いたくない場合は、通話の着信許可をオフに設定します。通話の着信許可をオフに設定すると、LINEの友だちからの音声通話はもちろん、ビデオ通話やIP通話も含むLINEからの通話の着信すべてを拒否することができます。通話機能をオフ状態で音声・ビデオ通話の着信があった場合はトークルームに応答不可のメッセージが画面に表示されます。

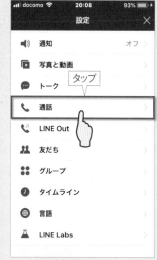

1 「通話」をタップする

メインメニュー「ホーム」→「設定」→「通話」を順番にタップします。

2 「通話の着信許可」をオフに設定する

「通話」の設定画面の「通話の着信許可」をオフに設定します。

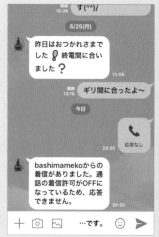

3 LINEからの着信を一切拒否

LINEからの着信が一切拒否されます。LINE通話の着信許可がオフの状態で着信があると、応答不可のメッセージが画面に表示されます。この機能はあくまで着信のみを拒否する機能です。こちらから発信する場合は通常通り通話できます。

Q. タイムラインに投稿済の記事は修正できる?

A. タイムラインに投稿済みの記事はいつでも修正・編集できます

タイムラインへの投稿が完了した後に、誤字をみつけて記事の内容を修正したくなったり、画像を追加したくなった、そんな経験が誰でもあると思います。タイムラインへ投稿した記事は、入力したテキストの編集はもちろん、画像の貼り直しや公開範囲の設定など、最初に投稿したほとんどの項目を修正することができます。もし間違って投稿しても慌てずに投稿した記事を修正しましょう。

1 「投稿を修正」をタップする
タイムラインの記事の一覧から修正する記事を選んで、修正する記事の右上の「…」→「投稿を修正」を順番にタップします。

2 投稿した記事の内容を修正する
文章や画像など修正したい部分を修正します。画面上部をタップすれば公開範囲を変更することもできます。

3 修正が完了したら「投稿」をタップ
修正したい箇所をすべて修正したら右上の「投稿」をタップして修正を完了させます。

Q. LINEが提供する「LINE Out」と通話機能ってどう違うの?

A. LINEが有料で提供しているIP電話機能です

「LINE Out」はLINEが有料で提供しているIP電話機能です。LINEを使っていない相手の携帯電話や固定電話にもかけられるのが最大の特徴で、事前に利用する時間だけ料金をチャージしておく「コールクレジット」と30日間決められた時間だけ通話できる「30日プラン」、2種類の料金プランで提供されています。一般的なスマホ通話料と比べて格安で国際通話もかけられる便利なサービスです。

LINE Outの30日プラン
30日プランは携帯電話への通話で6.5円／1分、固定と携帯電話への通話で2円／1分の設定です。固定／携帯120分コースが720円、固定／携帯60分コースが390円、固定のみ60分コースが120円です。

LINE Outのコールクレジット
コールクレジットは携帯電話への通話で14円／1分、固定電話への通話で3円／1分です。120円分(120クレジット)から購入できます。

1日5回まで無料で使える
1日5回まで無料で使える「LINE Out Free」というサービスも用意されています。

メインメニューの「ニュース」タブは「通話」タブに変更できる!?

　LINEのメインメニューにある「ニュース」は、様々なジャンルやカテゴリのニュースをチェックできる便利なメニューですが、「ニュース」を利用しないユーザーにとっては不要なメニュー表示かもしれません。メインメニューの「ニュース」アイコンは「通話」アイコンに変更することができます。「ニュース」を利用しないなら、LINEの通話設定から「ニュース」のメニュータブを変更しましょう。

1 標準状態では「ニュース」タブ

標準状態のメインメニューでは「ニュース」タブが表示されています。

2 「設定」をタップして設定画面を開く

メインメニュー「ホーム」→「設定」を順番にタップします。

3 設定画面の「通話」をタップ

「通話」→「通話／ニュースタブ表示」を順番にタップします。

4 「通話」をタップして設定完了

「通話」をタップして、画面右上の「×」をタップして設定完了です。

5 「通話」タブに変更される

メインメニューの「ニュース」タブが「通話」タブに変更されます。

6 「通話」タブをタップする

「通話」タブをタップすると、LINE通話の履歴画面が表示されます。

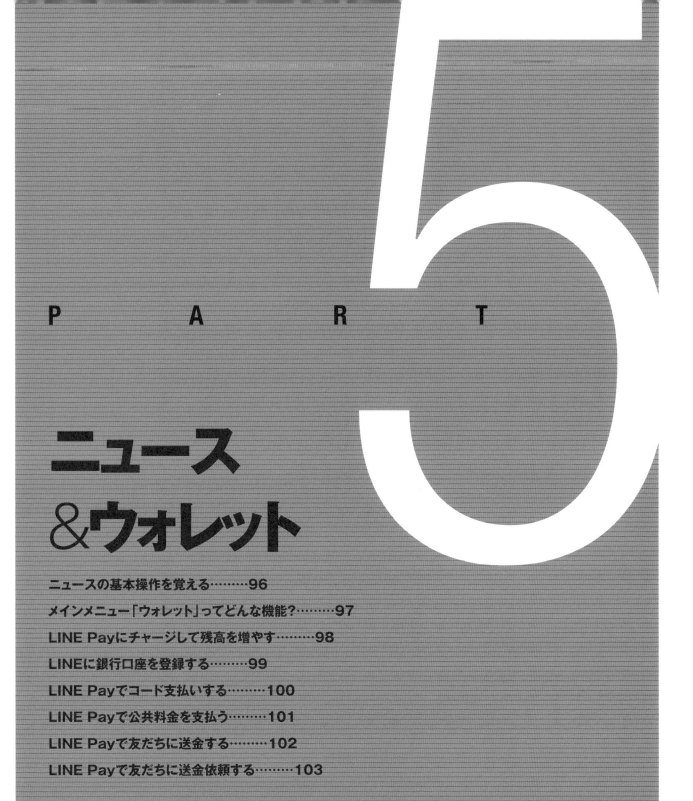

5

ニュース
&ウォレット

ニュースの基本操作を覚える………96

メインメニュー「ウォレット」ってどんな機能?………97

LINE Payにチャージして残高を増やす………98

LINEに銀行口座を登録する………99

LINE Payでコード支払いする………100

LINE Payで公共料金を支払う………101

LINE Payで友だちに送金する………102

LINE Payで友だちに送金依頼する………103

2020年最新版 初めてでもできる超初心者のLINE入門

旬のニュースがリアルタイムで更新される!

「ニュース」の基本操作を覚える

　LINEのメインメニューにある「ニュース」は、様々なジャンルやカテゴリのニュースをチェックできる便利なメニューです。友だちとのトーク中に返信を待つ間や通勤、通学中などのちょっとした時間に手早く最新のニュースをチェックすることができます。また、トークやタイムラインで友だちに知らせたりできます。

LINEの「ニュース」を開いてみよう

メインメニュー「ニュース」をタップすると「ニュース」のトップ画面が開きます。メインメニュー「ニュース」に表示されるニュースはリアルタイムで更新されます。

「ニュース」の画面構成

❶一覧メニュー
「ダイジェスト」「マガジン」「オリジナル」などのカテゴリ、気象情報や災害情報、電車の運行情報などが一覧で表示されます。

❷検索
キーワードを入力してニュースを検索できます。また現在検索されているワードが自動的に表示されます。

❸カテゴリタブ
「トップ」「ランキング」のほかニュースのカテゴリが並んでいます。

❹ニュースメイン画面
ニュースのメイン画面です。トップには注目記事やランキング、特集などが表示されています。

ニュースを探して読む

ランキングをチェックする

上部タブの「ランキング」をタップします。トップページのランキングは左にスワイプすることで下位の記事の閲覧も可能です。

メニューからニュースを探す

画面左上の「三」アイコンをタップします。ダイジェストやマガジン、特集などを選んでお目当ての記事を探しましょう。また交通情報や天気情報などを選ぶこともできます。

記事元サイトで詳しく見る

記事タイトルの下部に記載されたサイト名をタップすれば、記事元のサイトにアクセスしチェックすることができます。

気になるニュースを友だちに転送する

「↑」をタップして転送するSNSを選んでタップします。LINEの場合は友だちを選んで送信します。

メインメニュー「ウォレット」ってどんな機能?

メインメニュー「ウォレット」は、LINEの決済サービス「LINE Pay」を利用したお財布機能のようなものです。「LINE Pay」の登録はLINEアカウントと連動するため、わずらわしい情報入力なども一切必要ありませんが、送金などの一部の機能を利用するには、銀行口座を登録して本人確認をする必要があります。

LINE Payを新規登録する

1 「LINE Payをはじめる」をタップする

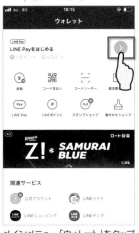

メインメニュー「ウォレット」をタップして「LINE Payをはじめる」の横の「→」をタップします。

2 「はじめる」をタップする

「はじめる」をタップして、3つの利用規約を確認して「新規登録」をタップします。

3 パスワードを設定する

LINE Payの画面に戻るので、画面の一番上をタップしてパスワードを設定します。

4 パスワードの設定を完了させる

パスワード入力画面で任意の6桁のパスワードを入力します。確認のためにもう一度同じパスワードを入力すれば、パスワードの設定が完了です。

「LINE Pay」の画面構成

❶お知らせ
LINE Payに関するお知らせが表示されます。

❷×(閉じる)
LINE Payの画面を閉じてウォレット画面に戻ります。

❸LINE Payナンバー
アカウント毎に割り当てられているLINE Payナンバーを表示します。

❹残高
LINE Payにチャージしている金額の残高が表示されます。

❺+(チャージ)
LINE Pay残高をチャージすることができます。

❻バーチャルカードの手続き
JCBカードのオンライン加盟店で利用できるバーチャルカードの発行手続きができます。

❼銀行口座
LINE Payに登録する銀行口座を選択します。

❽チャージ
LINE Pay残高をチャージすることができます。

❾セブン銀行ATM
セブン銀行ATMを使ってLINE Payの残高をチャージしたり出金することができます。

❿マイカラー
毎月の利用によって特典が付与される特典プログラムです。

⓫マイクーポン
LINE Payでの決済時に使えるクーポンを表示します。

⓬外貨両替
LINE Payを使って外貨への両替予約や支払いができます。

⓭請求書払い
公共料金など対応している請求書の支払いができます。

⓮コード支払い
実際の店舗での決済の際に利用可能なコードを作成します。

⓯コードリーダー
バーコードやQRコードを読み取ることができます。

⓰使えるお店
位置情報またはリストでLINE Payが利用可能なお店を確認できます。

⓱決済履歴
LINE Payの支払いの履歴を確認できます。

⓲残高履歴
LINE Payの残高履歴を入金や出金別に確認できます。

⓳送金
LINEの友だちに送金できる機能です。

⓴送金依頼
LINEの友だちに送金を依頼できる機能です。

㉑割り勘
LINEの友だちにLINE Payを利用した割り勘を依頼する機能です。

㉒その他メニュー

LINE Payに電子マネーをチャージしよう!

LINE Payにチャージして残高を増やす

　「LINE Pay」で支払いや送金をするには、アカウントにお金を入れる「チャージ」が必要になります。LINE Payのチャージ方法は「銀行口座」「LINE Payカードレジチャージ」「コンビニ」「セブン銀行ATM」の4つの方法があります。本誌では、セブンイレブンのATMで行う「セブン銀行ATM」を解説します。

セブンイレブンのATMで行う「セブン銀行ATM」でチャージする

1 「セブン銀行ATM」をタップする

タップ

「ウォレット」タブの一番上の「+」または「チャージ」をタップし、表示された項目の中から「セブン銀行ATM」をタップしましょう。

2 資金決済法に同意する

タップ

資金決済法に基づく表示の画面が表示されるので同意します。

3 ATMを操作して「次へ」をタップ

タップ

セブン銀行ATM画面に切り替わります。画面の指示に従いATMを操作して「次へ」をタップします。

4 コードを読み込み指示に従う

コードリーダーが起動したらATMのコードを読み取ります。あとはATMとスマートフォンに表示される案内に従いましょう。

POINT｜その他のLINE Payの主なチャージ方法

銀行口座
いつも使っている銀行口座を登録。登録した口座から好きな時にチャージする方法。最低残高を下回ったら自動的にチャージするオートチャージも設定可能。

LINE Payカードレジチャージ
専用のプリペイドカード「LINE Payカード」を利用してローソンのレジで支払う方法。Line Payカードの入手には別途申し込みが必要です。

Famiポート
あらかじめスマートフォンで金額を申し込み、ファミリーマート店頭のFamiポートを使いチャージする方法です。

PART 5

LINEに銀行口座を登録する

　LINE Payの全ての機能を利用するためには本人確認をする必要があります。その方法のひとつが銀行口座の登録です。大手銀行はもちろん地方銀行やネットバンキングもほぼ網羅しているので、普段利用している銀行の口座を登録しておきましょう。登録後は、チャージが便利になるだけではなく送金や出金などの機能も利用できます。

LINE Payに銀行口座を登録する方法

1 | LINE Payを開く

LINEのメインメニュー「ウォレット」→「LINE Pay」をタップしてLINE Payの画面を起動します。

2 | 「銀行口座」をタップする

LINE Payの画面が開いたら「銀行口座」をタップしましょう。

3 | 銀行を選択する

主要な銀行が一覧で表示されています。登録したい銀行を選びましょう。一覧にない地方銀行などは下部の行をタップして検索しましょう。

4 | LINE Pay利用規約に同意する

利用規約が表示されます。全て確認をすると「同意する」が緑色になるのでタップしましょう。

5 | 個人情報を登録する

銀行口座の登録画面が開いたら氏名や生年月日、職業などの情報を入力して「次へ」をタップします。

6 | 銀行口座の情報を登録

各銀行のサイトに移動します。画面の指示に従い銀行口座の情報を登録します。登録に必要な情報は、支店番号、暗証番号、口座番号だけのものからワンタイムパスワード、最終残高の記載が必要なものなど銀行毎で異なります。

7 | 銀行口座が登録される

入力が完了すると銀行口座が登録され、本人確認も同時に完了します。

QRコードを読み取って支払いしよう!

LINE Payで
コード支払いする

支払いに対応したコンビニなどでLine Payをお財布代わりに利用できるのが「コード支払い機能」です。コード支払い方法は、LINE PayでQRコードやバーコードを作成して、画面を提示してレジで読み取ってもらう方法と、提示されたコードを自分で読み取る方法の2つがあります。

LINE Payでコードを表示して読み取ってもらう

1 「コード支払い」をタップする

メインメニュー「ウォレット」の「コード支払い」をタップします。

2 パスワードを入力する

パスワードの入力画面が表示されますので入力します。起動時にあらかじめ入力している場合は入力画面が表示されません。

3 表示されたコードを読み取ってもらう

スマートフォンの画面にコードが表示されます。レジでコード画面を提示し読み取ってもらい買い物をしましょう。

提示されたコードをコードリーダーで読み取る

1 「コードリーダー」をタップする

メインメニュー「ウォレット」の「コードリーダー」をタップします。

2 QRコードを読み込む

そのまま支払いをしたい商品のQRコードを読み込みます。

P O I N T

アプリ版 LINE Pay

制作者:LINE Corporation
価格:無料

LINE Payには専用のアプリもあります。より簡単に決済が行えるので、よく利用するのであれば導入を検討しましょう。

P O I N T

「コード作成」画面のショートカットの作成

QRコードとバーコードを表示した画面の下の「コードショートカットを作成」をタップすれば、スマートフォンにコード作成のショートカットを作成することが可能です。

LINE Payで公共料金を支払う

自宅にいながら公共料金の支払いができるのが、Line Payの「請求書払い」です。方法は請求書に印字されているバーコードやQRコードを読み取るだけ。スマートフォンとLINE Payだけで支払いが完結するのでコンビニに行くのも面倒くさいという人にとってはありがたい機能です。

請求書のバーコードやQRコードを読み取って支払いする

1 「請求書払い」をタップする

メインメニュー「ウォレット」から「LINE Pay」を開き「請求書払い」をタップします。

2 請求書払いの説明画面が表示

請求書払いの説明画面が表示されます。はじめての方は目を通して「次へ」をタップします。

3 バーコードやQRコードを読み込む

コードリーダーが起動します。支払いする請求書のバーコードやQRコードを読み込ませます。

4 金額などを確認して「次へ」をタップ

読み込ませた請求書の支払先や金額などの情報が表示されます。確認をして「次へ」をタップします。

5 「決済を行う」をタップする

支払い先の友だち登録が必要なければ一番下のチェックを外して「〇〇円の決済を行う」をタップします。残高が不足していたらチャージも可能です。

6 決済が完了する

LINE Payのパスワードの入力画面が表示されたらパスワードを入力します。完了画面が表示されたら決済完了です。

7 決済履歴を確認する

決済の履歴を確認したいときは、「ウォレット」タブの「LINE Pay」をタップします。LINE Payページの「決済履歴」をtアップして確認しましょう。

「請求書払い」で利用できる請求書は?

「請求書払い」は、わずかな公共料金のみに対応していた機能ですが、その後、公共料金以外の企業への対応も広げ、2019年11月15日には、1,000団体を超える企業の請求書の支払いに対応しています。

ニュース&ウォレット

LINE Payで友だちに送金する

LINE Payの送金機能なら、LINE Payの設定で銀行口座を登録、本人確認さえ済ませてしまえば手数料無料でスマートフォンだけでLINEの友だちに送金ができます。送金は一日最大10万円まで、送金が完了すると送った友だちとのトークルームにメッセージが表示され、すぐに友だちのLINE Pay残高に反映されます。

送金機能を利用して友だちに送金する

1 「ウォレット」の「送金」をタップ

「ウォレット」の「送金」をタップします。本人確認をしてない場合はここで銀行口座の登録をします。

2 送金する友だちを選択する

LINEの友だちリストが表示されます。送金したい友だちをチェックして「選択」をタップします。

3 友だちに送金する金額を設定する

金額の下のキーをタップして金額を設定します。金額を指定したら「次へ」をタップします。

4 メッセージを入力「送金」をタップ

メッセージを入力し、メッセージカードを選択します。完了したら下部の「送金」をタップします。

便利な割り勘機能を使うには?

LINE Payには「割り勘」機能が備わっています。食事会の幹事などの際には重宝する機能です。割り勘機能はLINEアプリを持っていれば誰でも利用可能です。端数や男女での金額を変えるなど細かい調整も可能なのでぜひ利用してみましょう。

割り勘機能を使うにはまずは幹事がQRコードを作成します。LINE Payの「割り勘」をタップしましょう。

タイトルを入力して「QRコードを作成」をタップします。QRコードが作成されたらメンバーにスキャンしてもらいます。

QRコードをスキャンしたメンバーは現金で払うかLINE Payで払うかを選択しましょう。後は会計後に幹事が選択した方法で支払いをすれば完了です。

LINE Payで友だちに送金依頼する

"立替えていたお金が今必要になった""貸していたお金を送金してもらう"など、友だちにLINEで支払いをお願いできるのが「送金依頼」機能です。依頼時にLINEキャラのメッセージカードを添えて伝えるので実際には言いづらいお金の話も伝えやすいのが強みです。

LINE Payで友だちに送金依頼する

「送金依頼」機能を利用すれば友だちに送金を依頼することができます。使い方は簡単。依頼する友だちを選んで、メッセージカードと金額を指定するだけ。一度に依頼できる金額は最大10万円まで、割り勘は最大200人まで送ることが出来ます。依頼相手には通常のメッセージ同様、トーク画面に依頼が届き受け取った相手はトーク画面をタップすることで送金することができます。また受け取ったお金は、ほとんどの銀行で出金することが可能です。

1 「LINE Pay」をタップする

メインメニュー「ウォレット」→「LINE Pay」を順番にタップして「LINE Pay」を起動します。

2 「送金依頼」をタップする

「LINE Pay」画面が表示されたら「送金依頼」をタップします。

3 依頼する友だちを選択する

LINEの友だちリストが表示されます。送金をお願いしたい友だちをチェックして「選択」をタップします。複数人の選択も可能です。

4 送金依頼する金額を設定する

依頼金額の下のキーをタップして金額を設定します。100円単位から設定可能です。金額を指定したら「次へ」をタップします。

5 メッセージを入力する

メッセージを入力してメッセージカードを選択します。完了したら下部の「送金依頼」をタップします。

6 トーク画面に送金依頼が表示

完了のメッセージが表示されます。「確認」をタップすればトーク画面に移動してメッセージを確認できます。

7 依頼が届いたらタップをして送金

送金依頼が送信されたら友だち側にも表示されます。友だちがLINE Payの本人確認を済ませていればトークルームのメッセージをタップし送金できます。

ニュース&ウォレット

103

貯めるとお得な LINEポイントを利用する

「LINEポイント」は、企業CMの閲覧や友だち追加などの条件をクリアすることでポイントがもらえるサービスです。ポイントは「LINE Pay」や「LINEコイン」だけでなく、「Amazonギフト券」などに交換することも可能です。コツコツ貯めていくことで生活に役立ったり無料でスタンプを購入できたりします。

LINEポイントの画面構成

❶メニュー表示
LINEポイントの操作メニューが一覧で表示されます。

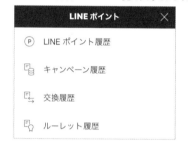

❷履歴表示
LINEポイントの獲得履歴と交換履歴が表示されます。

❸×（閉じる）
LINEポイントの画面を閉じてメインメニュー「その他」の画面に戻ります。

❹貯める
LINEポイント獲得のためのミッションの一覧が表示されます。

❺使う
LINEポイントの交換対象の一覧が表示されます。

❻ミッションカテゴリ
カテゴリ別にポイントミッションを表示します。

LINEポイントの主な獲得ミッション

友だち追加
指定のアプリやゲーム、企業の公式アカウントを友だち登録してポイントを獲得します。即時ポイントが配布されます。

アプリインストール
指定のアプリ・ゲームをスマホにインストールしてポイントを獲得します。即時ポイントが配布されます。

タイムラインシェア
指定の記事をタイムラインでシェアしてポイントを獲得します。ポイント配布まで一定の時間がかかります。

お試し会員登録
指定の有料サービスやアプリを会員登録してポイントを獲得します。即時ポイントが配布されます。

動画視聴
指定の動画を視聴してポイントを獲得します。即時ポイントが配布されます。

クレジットカード発行
指定のクレジットカード発行してポイントを獲得します。ポイント配布まで一定の時間がかかります。

ミッションをクリアしてLINEポイントを集める

1 「LINEポイント」を選択して画面表示

メインメニュー「ウォレット」の「LINEポイント」をタップすると「LINEポイント」専用画面が表示されます。

2 ミッションを選び条件を達成する

動画の視聴や友だち登録、公式アカウントのキャンペーンなど様々なミッションから、条件が達成可能なものを選んで実行します。

3 条件をクリアしてポイントをゲット

手順2で選んだ条件をクリアすると指定のポイントを入手することができます。

4 LINEウォレットからトークが届く

LINEポイントを獲得すると公式アカウント「LINEウォレット」からLINEトークが届きます。

ミッションをクリアして集めたLINEポイントを交換する

1 「LINEポイント」を選択して画面表示

メインメニュー「ウォレット」の「LINEポイント」をタップすると「LINEポイント」専用画面が表示されます。

2 LINEポイントの「使う」をタップ

「LINEポイント」画面から「使う」を選択して、交換したい項目や有料ギフト券を選びます。

3 交換したいものを選んでタップ

交換したい対象が決まったら実行します。今回は「Amazonギフト券」に交換します。

4 公式トーク画面でギフト券を確認

ポイントの交換が完了すると公式アカウント「LINEウォレット」に交換したギフト券が送付されます。

P OINT

電話番号を登録しないと利用できない

電話番号をLINEに登録しないとLINEポイントは利用できません。そのためFacebook認証でLINEアカウントを取得したユーザーは電話番号をLINEに登録する必要があります。また、LINEポイントの確認はLINE公式アカウントのひとつ「LINEポイント」で確認します。LINEポイントを初めて利用する際に「LINEポイント」の友だち登録を促されるので、登録しておきましょう。

LINEに電話番号をしないとLINEポイントは利用できないので、事前に電話番号を登録しておきましょう。

LINE公式アカウント「LINEポイント」でLINEポイントを確認できます。「LINEポイント」を友だち登録しておきましょう。

Q. 気になるニュースをピンポイントで探したいんだけど…

A. キーワード検索でニュースを検索してみましょう

メインメニュー「ニュース」のトップページにある「検索」アイコンをタップして、キーワードを入力、気になるニュースを キーワード検索してみましょう。また、検索欄にキーワードを入力しない場合は、注目のニュースが一目でわかる「急上昇ワー ド」や「注目のキーワード」が表示されるので、併せてチェックしてみましょう。

1 検索ボックスをタップする

メインメニュー「ニュース」のトップページにある検索ボックスをタップします。

2 キーワードを入力して検索開始

検索ボックスにキーワードを入力して、キーワード検索を開始します。

3 気になるニュースをタップして読む

キーワードに関連するニュースが一覧で表示されます。読みたいニュースをタップしましょう。

4 「注目ニュース」をチェックする

検索ボックスにキーワードを入力しない場合、注目のキーワードが一覧で表示されます。

Q. よく使う電車や路線の運行状況が知りたい！

A. ニュースによく使う電車や路線を登録します

通勤や通学など出かける際に気になる電車の運行情報ですが、「ニュース」を使えばすぐに知ることができます。特に設定 を変更しなくても、LINEの使用傾向から設定された路線が表示されていますが、どうせなら良く使う路線を設定しておくこ とをオススメします。設定は5つの路線まで可能なので、プライベートで利用する路線を登録するなどできます。

1 「運行情報」をタップする

メインメニュー「ニュース」をタップし左上の「三」アイコンをタップ。「運行情報」をタップしましょう。

2 運行情報の「設定」をタップ

未設定の場合はランダムで運行状況が表示されます。運行情報の「設定」をタップします。

3 路線名を入力して設定する

検索欄に設定する路線名を入力して検索します。表示された候補から路線を選択して設定します。

4 路線は5つまで設定できる

運行情報に設定できる路線は最大5つまで設定できます。

Q. 銀行口座を登録しない本人確認の方法もあるの？

A.「スマホでかんたん本人確認」を利用しましょう

　登録できる銀行口座がない、銀行口座を登録するのに抵抗がある。そんな人はオンライン上のみで本人確認ができる「スマホでかんたん本人確認」を利用しましょう。「スマホでかんたん本人確認」は、氏名や住所などが記載された身分証さえあれば、あとは各情報を入力して身分証の画像をオンラインでアップするだけで、本人確認がわずかな時間で完了します。本人確認が完了すると、LINEの友だちへの送金などのサービスが使えるようになります。

1 LINE Payの設定を開く
「ウォレット」→「LINE Pay」をタップしたら画面の下までスクロールをして「設定」→「本人確認」をタップします。

2 「スマホで簡単本人確認」をタップ
本人確認方法が表示されます。真ん中の「スマホで簡単本人確認」をタップしましょう。

3 利用規約を確認する
利用規約が表示されます。スクロールし全てを確認したら「同意します」をタップします。

4 パスワードを設定する
パスワードを設定します。登録、確認と繰り返し2回登録しましょう。

5 個人情報を入力する
登録の説明画面が表示されたのち、個人情報入力画面になります。名前や住所を入力していきます。

6 身分証を撮影し、アップロードする
身分証をアップロードします。アップロードする身分証を選択し、カメラで撮影します。利用可能な身分証は「運転免許証」「在留カード」「特別永住証明書」「運転経歴証明書」「パスポート」「マイナンバーカード」です。

7 顔写真を撮影する
自分の顔写真を撮影します。何パターンか指示が出ますので、その通りに撮影します。これで登録完了です。

ニュース＆ウォレット

困ったを解決する ニュース＆ウォレット のQ&A

Q. LINEコインはクレジット以外でもチャージできる?

A. LINEのプリペイドカードを購入してLINEストアにチャージします

LINEコインのチャージは、App Store やPlayストアを経由しないと行えません。 どうしてもそれ以外の方法でスタンプや 着せ替えを購入したい場合は、LINEの ウェブストアにセブンイレブン・ファミリー マート・ローソンの各コンビニで購入でき るプリペイドカードを使ってチャージする ことで代用します。購入したカードの裏 面を削って、表示されるコードを入力する と、金額分がチャージされます。ただし、ス トアにチャージをしてもLINE上のコイン は増えないので注意しましょう。

1 LINEウェブストア にアクセス

ウェブブラウザアプリでLINEスト ア(http://store.line.me)にアク セスします。

2 「チャージする」を タップする

LINEストアが表示されたら「チャー ジする」をタップし、決済方法選択 の画面で「LINEプリペイドカード」 を選択します。

3 コードを入力して チャージする

コンビニで購入したプリペイドカー ドの裏面のPINコードを入力して チャージしましょう。

POINT

LINEコインと 残高チャージは まったく別物!

LINEウェブストアの 残高チャージとLINEコ インとは全く別物です。

Q. LINE Payにチャージしたお金は現金化できる?

A. 手数料はかかりますが登録した銀行口座を通して出金可能です

本人確認をしておけば、LINE Pay残 高を登録した銀行口座を通して出金する ことができます。多くチャージしたものの 意外と使わないとき、友だちから送金され た金額を現金化したいときに使いましょ う。ただし、出金には、216円の手数料が かかるうえ、夜間や休日など銀行が営業 していない時間帯は利用できなくなるの で、注意しましょう。

1 「LINE Pay」→ 「設定」をタップ

メインメニューの「ウォレット」→ 「LINE Pay」→「設定」を順番に タップします。

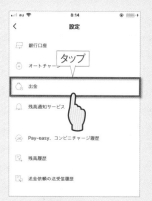

2 「出金」を タップする

LINE Payの設定画面の「出金」を タップします。

3 銀行口座を 選択する

登録している銀行口座が表示され ます。出金したい銀行口座を選んで タップします。

4 金額を設定して 出金する

出金する金額を入力して、確認を タップすれば完了です。

Q. 友だちと楽しめるLINEゲームって何?

A. LINEの友だち同士でポイントを競ったりして楽しめるゲームアプリです

LINEゲームはパズルからアクション、シミュレーション、RPGなど多彩なゲームがあり、新しいゲームも日々更新されているので、気になるものがあったら遊んでみましょう。友だちとスコアを競ったりして遊ぶこともできます。ディズニーストアで人気のぬいぐるみツムツムを集めてつなげる簡単パズルゲーム「ディズニーツムツム」といったゲームが人気です。

1 「LINE Games」をタップする
メインメニューの「ホーム」→「サービス」→「LINE Game」の順にタップします。

2 LINE Gamesのホーム画面が開く
LINE Gamesのホーム画面が開きます。ホーム画面には、人気のゲームなどのトピックが並んでいますので、チェックしてみましょう。

3 気になるゲームを探す
「EVENT」や「HOT」などタブを切り替え、LINEのゲームの一覧から遊びたいゲームを選んでタップします。

4 LINEゲームをダウンロードする
iPhoneはApp Store、AndroidはPlayストアの詳細ページが開くのでスマートフォンにダウンロードしましょう。

Q. LINEクーポンってお得?どうやって使えばいいの?

A. お店で使えるお得なクーポンです。ワンタップで簡単に使えます。

「LINEクーポン」は、その名通りお得なクーポン券をゲットできるサービスです。LINEに配信されているクーポンを提示するだけで実際のお店での買い物や食事をお得にすることができます。クーポンの利用は、表示されたクーポン番号を店員に伝える場合と、バーコードを提示する2パターンがあります。

LINEクーポンを探して使う

1 クーポンを探す
利用可能なクーポンを探すには、メインメニューの「ウォレット」→「クーポン」をタップしましょう。

2 使いたいクーポンをタップ
クーポンが表示されます。利用したいクーポンをタップしましょう。

3 「クーポンを使う」をタップ
クーポン詳細画面下部の「クーポンを使う」をタップします。

4 クーポンを利用する
クーポンが表示されます。クーポンは番号とバーコードが表示される2パターン。店員に提示して利用しましょう。

困ったを解決するニュース＆ウォレットのQ&A

Q. 旬な漫画をLINEで楽しめるってホント?

A. LINEマンガでは30万冊以上のマンガが楽しめます

LINEマンガは、電子書籍ストア、ビューアー、本棚機能をひとつにまとめた無料アプリです。アニメ化、映画化などで話題のマンガなど2,000作品以上が毎日無料で読めるほか、独自のインディーズ作品から最新刊まで30万冊以上のコミックが揃っています。

iOS   Android

制作者：LINE Corporation
価格：無料

LINEマンガの画面構成

❶検索
キーワードを入力してマンガを検索することができます。

❷切り替えタブ
表示されているタブをタップするとメイン画面が切り替わります。

❸マイメニュー
LINEコインの購入や購入履歴、LINEマンガの各種設定が行えます。

❹おすすめ
閲覧、購読履歴をもとにおすすめのマンガを表示する画面です。

❺毎日無料
23時間ごとに1話ずつ読むことができる無料マンガを配信しています。

❻単行本
巻単位でマンガを配信しています。有料タイトル以外に無料タイトルもあります。

❼本棚
購入した単行本やお気に入り登録した無料マンガを確認したり、読むことができます。

❽インディーズ
LINEマンガのオリジナルのインディーズ作品を読むことができます。

LINEマンガで読みたいマンガを探してみる

❶タップ

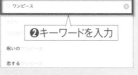

❷キーワードを入力

ジャンル

特集　選んでタップ

1 キーワードでマンガを検索

「検索（虫眼鏡）」アイコンをタップして、入力欄にキーワードを入力すると、検索したマンガが表示されます。

2 ジャンルからマンガを検索

画面の中段にはジャンルのアイコンが並んでいます。読みたいジャンルから作品を探す際に利用しましょう。

LINEマンガで無料配信されているマンガを読む

LINEマンガでは無料で配信されている作品もあります。LINEマンガで連載中の作品や無料キャンペーン中の作品などLINEマンガで無料配信されている作品は多岐に渡りますが、どれも読みたい作品をタップするだけで、アプリ上で自動的にマンガビューアーが開いて作品を読むことができます。また、ホーム画面の「毎日無料」タブでは、23時間ごとに1話ずつ読めるマンガが配信されています。

タップ

「¥0」表記の作品は無料

新刊

売れ筋ランキング

タップ

作品詳細

医龍（2）【期間限定　無料お試し版】

タップ

内容紹介

1 無料連載の作品を読む

「毎日無料」タブでは、1日1話ごとに無料で読めるマンガが配信されています。連載中のマンガは曜日ごとに最新話が更新されます。

2 キャンペーン中の作品を読む

キャンペーン中の作品や「単行本」内にある作品の内、「¥0」になっている作品は無料で読めます。

3 読んだ作品を本棚に追加する

各作品のコイン表記をタップすると本棚に追加され読めるようになります。

Q. 旬な音楽をLINEで楽しめるってホント?

A. LINE MUSICならあらゆる音楽を定額料金で楽しめます

LINE MUSICは、LINEが提供する定額音楽配信サービスです。定額料金で音楽が聴き放題になるサービスです。20時間を上限とする「ベーシックプラン」(Androidのみ)と30日間時間無制限の「プレミアムプラン」が用意されています。また無料ユーザーでも、30秒だけ楽曲を再生することができます。

iOS　　Android

制作者：LINE Corporation
価格：無料

LINE MUSICの有料チケットを購入する

LINE MUSICの楽曲のフル視聴、オフライン再生、着うたの設定などの機能は「有料チケット」を購入しないと利用できません。有料チケットは、月額500円の「ベーシックプラン」(Androidのみ)と月額960円の「プレミアムプラン」のほか、それぞれの学割が用意されています。初回3ヶ月は体験期間として無料で利用できますが、その後は自動的に選択したプランの料金が発生しますので注意しましょう。

1 「ホーム」をタップする

チケットを購入するためには、LINE MUSICのアプリを起動して「ホーム」をタップします。

2 「詳しくはこちら」をタップする

ホーム画面の最上部に表示されたバナーの「詳しくはこちら」をタップしましょう。

3 プランを選択して購入する

「一般」または「学割」のタブを選択。プランを選択してチケットを購入しましょう。iPhoneはプレミアムプランのみ購入可能です。

LINE MUSICの曲を再生する

LINE MUSICでの曲の再生は「ストリーミング再生」と「オフライン再生」の2種類があります。ストリーミングはデータをダウンロードしながら再生をするため、端末の容量を消費しない反面、通信環境によっては再生ができなくなることがあります。オフラインは、LINE MUSICから音楽データをダウンロードし再生します。通信環境に左右されず音楽を楽しめる反面で、端末の容量を消費します。またオフラインは、有料プランに加入していないと利用することができません。

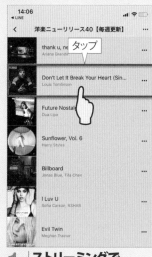

1 ストリーミングで再生する

LINE MUSICの通常再生はストリーミング再生です。曲をタップすると再生開始です。再生中は下部のプレーヤーに再生情報が表示されます。

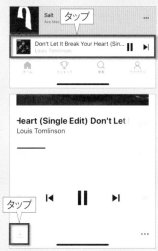

2 聴いている曲をダウンロードする

再生中にプレーヤーをタップして、再生画面の「↓」アイコンをタップすると、スマートフォンに保存されます。

3 ダウンロードした曲を再生する

「ライブラリ」→「ダウンロード」をタップするとダウンロードした曲の一覧が表示されます。タップして再生します。

ニュース&ウォレット

2020年最新版
初めてでもできる
超初心者のLINE入門

企画・制作
スタンダーズ株式会社

表紙＆本文デザイン
高橋コウイチ（wf）

本文デザイン、DTP
松澤由佳

ライティング
渡健一

印刷所
株式会社廣済堂

発行・発売所
スタンダーズ株式会社
〒160-0008
東京都新宿区四谷三栄町12-4
竹田ビル 3F
営業部＿03-6380-6132

編集人
内山利栄

発行人
佐藤孔建

©standards 2020

Printed In Japan